田畑も人間も鉄分不足の現代に

宮城県気仙沼から始まった、広葉樹の森の再生によって豊かな海を取り戻そうという取り組みは「森は海の恋人」運動として知られています。海のプランクトンを殖やし、おいしいカキを育てる鍵になるのが森のミネラル分ですが、そのなかでとくに重要な役割を果たすとされているのが鉄です。

鉄は生命の維持に欠かせない物質ですが、自然界の鉄はすぐに酸素と結合して酸化鉄になり、そのままでは動植物などにはほとんど吸収されません。しかし、広葉樹の腐葉土などに含まれるタンニンと結びついて「タンニン鉄」（フルボ酸鉄）の状態になると、動植物などに吸収・利用されやすいミネラル分に変身するのです。

このタンニン鉄を、畑や田んぼで活用する農家が、いま全国で増えています。タンニン鉄によって作物が大きく生長する、おいしくなる、病気に強くなるなど、さまざまな効果がわかってきました。タンニン鉄の作り方はいたって簡単。釘やロータリ爪など身近にある鉄を、緑茶に浸しておくだけです。緑茶のほか、カキ、クリ、クヌギなど身近な植物でも、タンニン鉄を作ることができます。

この本では、田畑でのタンニン鉄の効果や使い方、さまざまな素材でのタンニン鉄の作り方、人間の健康管理への活用など、ミネラル分としての鉄の活用とその効果に迫りました。タンニン鉄のほかにも、純鉄粉によって田んぼの根腐れを防ぐ話や、市販の鉄資材の活用法、鉄をめぐる新しい研究成果なども収録し、鉄の効用に理解が深まる一冊として編集しました。

現代の鉄分不足を解消するヒントに、本書をぜひご活用ください。

2022年9月

一般社団法人　農山漁村文化協会

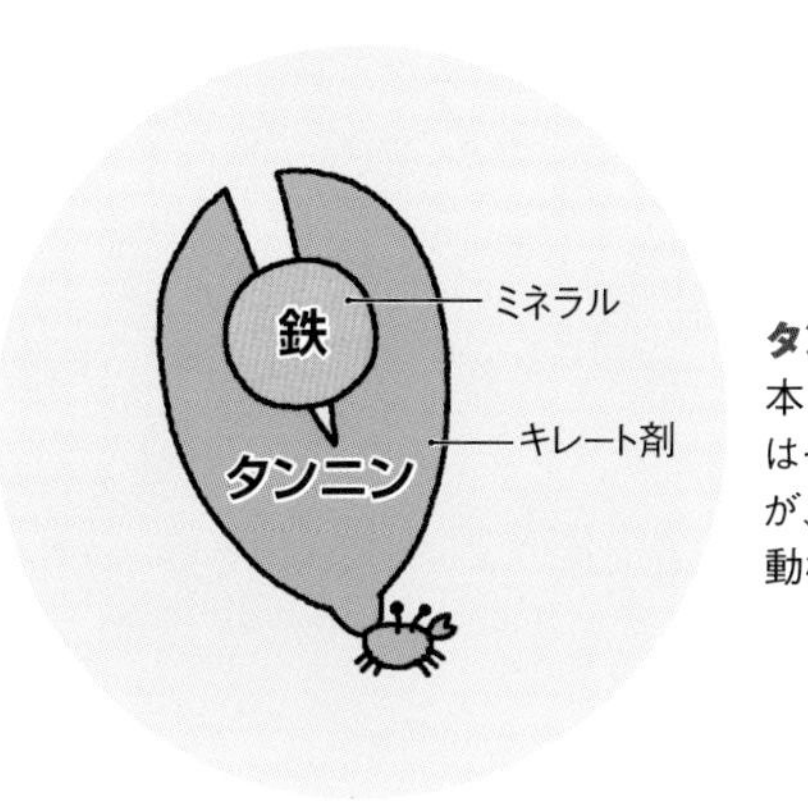

タンニン鉄
本書で注目する鉄の1つ。鉄はそのままでは吸収されにくいが、タンニンと結びつくことで動植物に利用されやすくなる

（図中ラベル）鉄／タンニン／ミネラル／キレート剤

目次

いろんな素材でタンニン鉄

第4章 もっと広がる鉄の利用

田んぼの根腐れ対策には純鉄粉

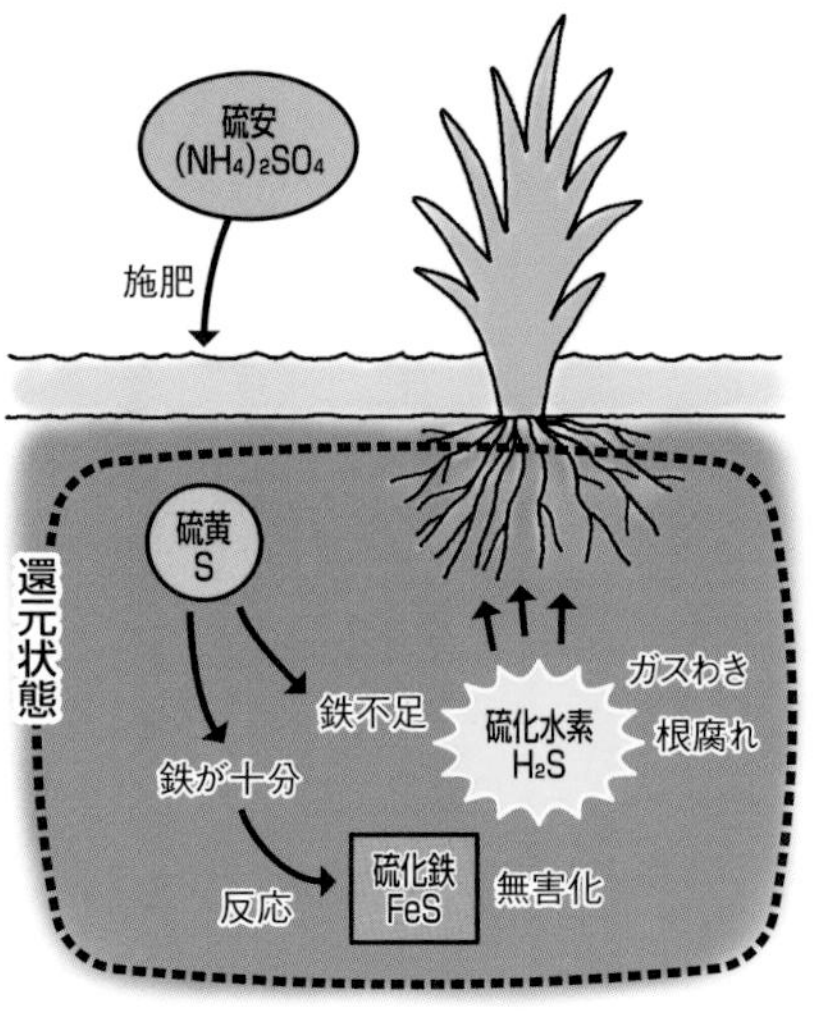

いろいろあるぞ 市販の鉄資材

＊（　）内は取材対象者、無記名のものは編集部による記事です。
＊執筆者・取材先の情報（肩書、所属など）、製品情報については『現代農業』掲載時のものです。

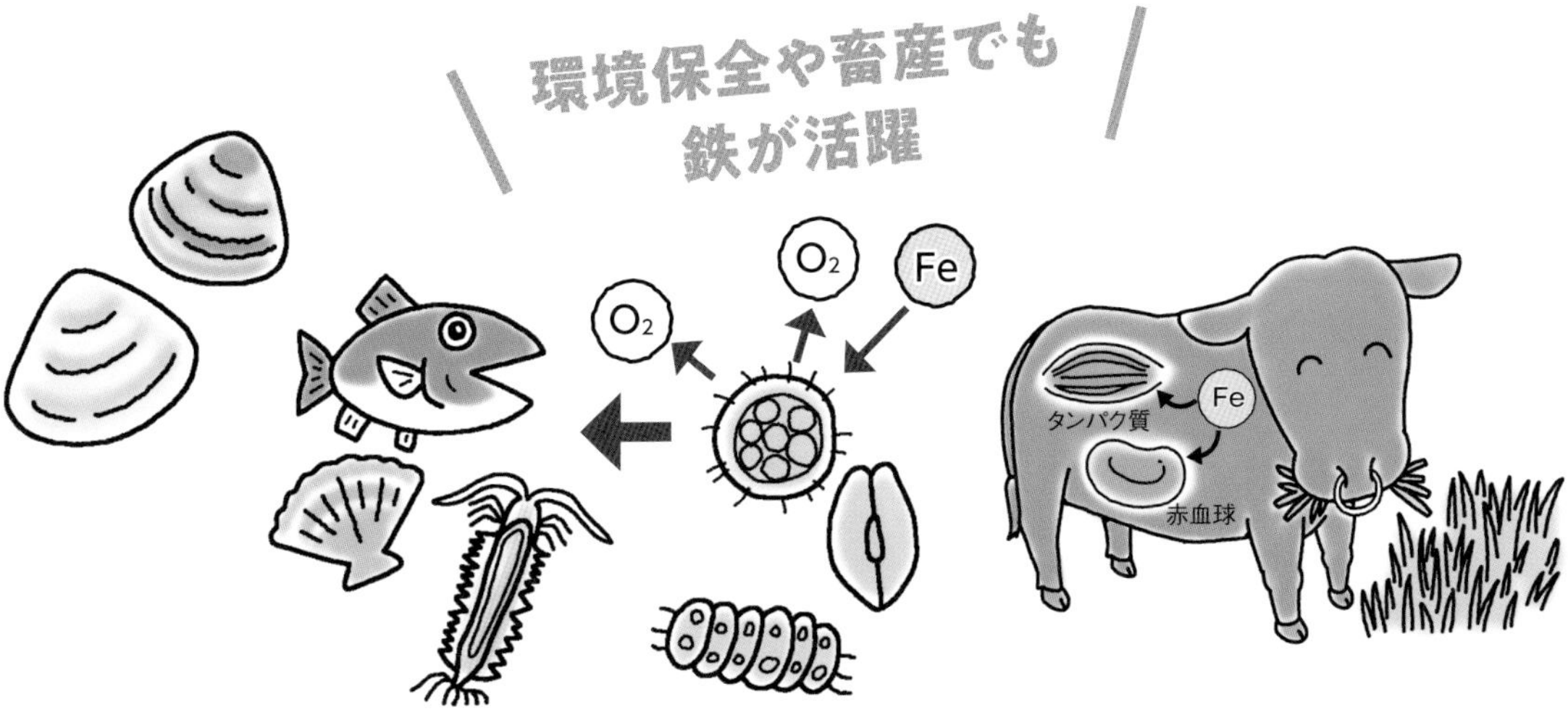

図解 自然界の鉄循環①

まとめ：編集部

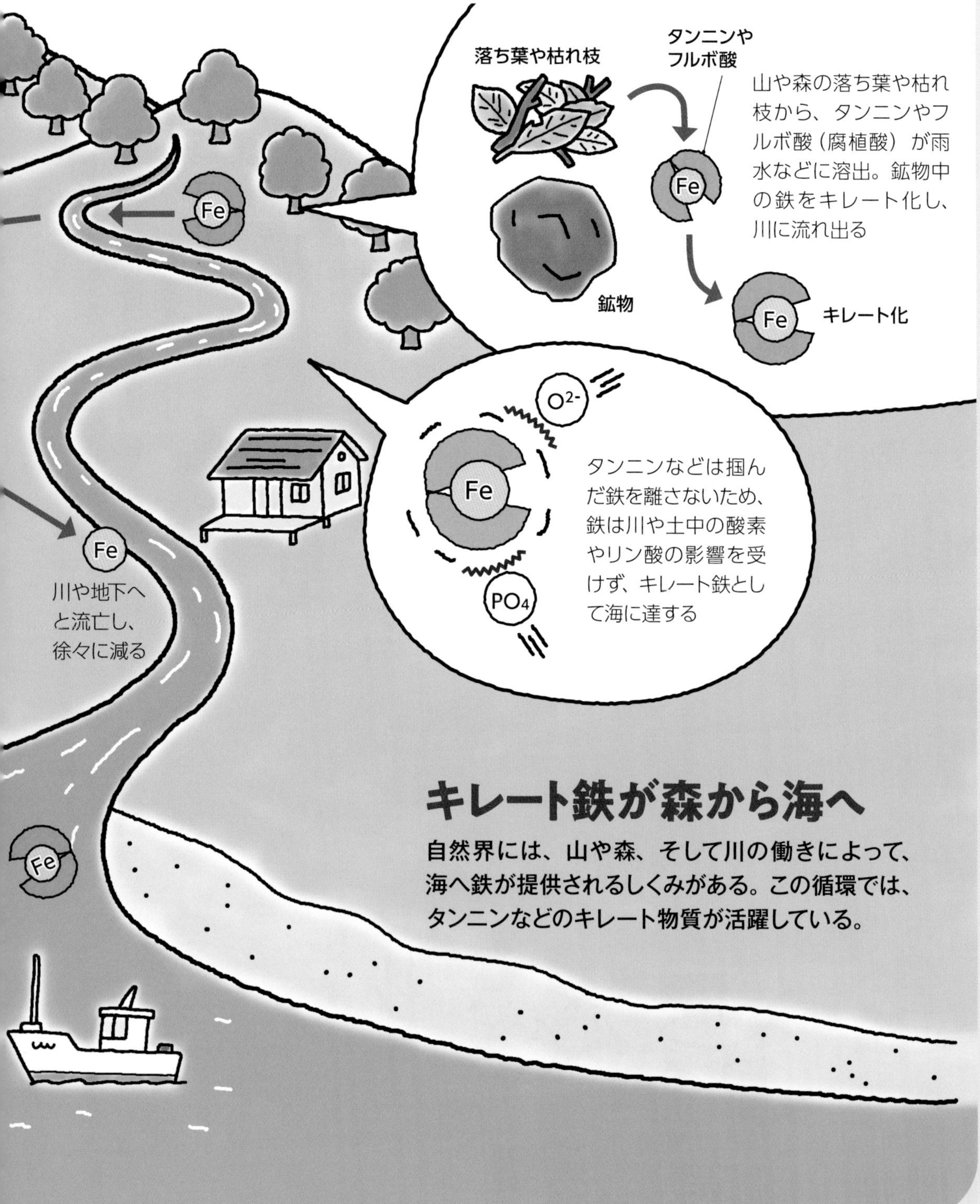

落ち葉や枯れ枝
タンニンや
フルボ酸
山や森の落ち葉や枯れ枝から、タンニンやフルボ酸（腐植酸）が雨水などに溶出。鉱物中の鉄をキレート化し、川に流れ出る
Fe
鉱物
キレート化
O^{2-}
タンニンなどは掴んだ鉄を離さないため、鉄は川や土中の酸素やリン酸の影響を受けず、キレート鉄として海に達する
PO_4
川や地下へと流亡し、徐々に減る

キレート鉄が森から海へ

自然界には、山や森、そして川の働きによって、海へ鉄が提供されるしくみがある。この循環では、タンニンなどのキレート物質が活躍している。

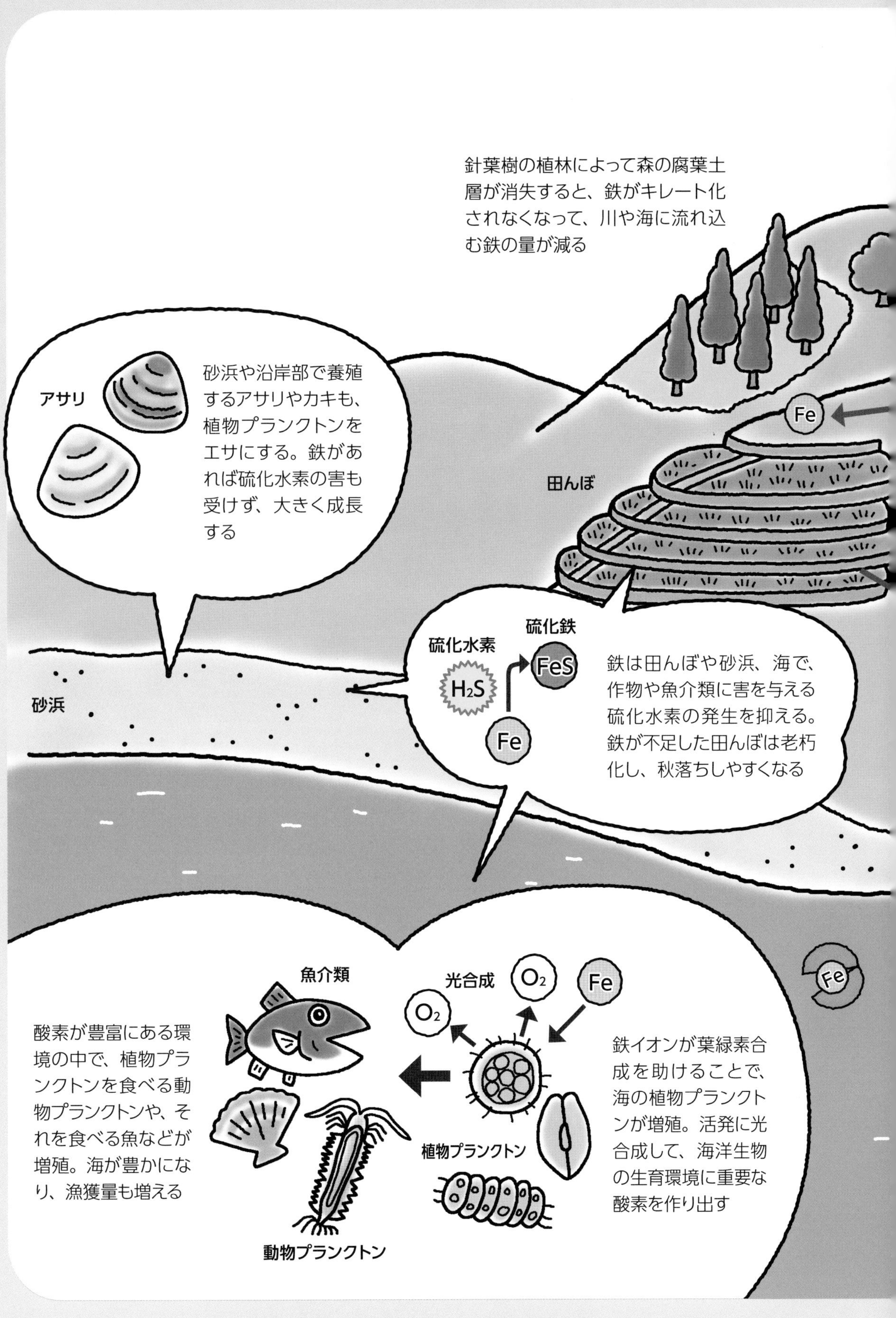
針葉樹の植林によって森の腐葉土層が消失すると、鉄がキレート化されなくなって、川や海に流れ込む鉄の量が減る
Fe
田んぼ
アサリ
砂浜や沿岸部で養殖するアサリやカキも、植物プランクトンをエサにする。鉄があれば硫化水素の害も受けず、大きく成長する
砂浜
硫化水素
H_2S
硫化鉄
FeS
Fe
鉄は田んぼや砂浜、海で、作物や魚介類に害を与える硫化水素の発生を抑える。鉄が不足した田んぼは老朽化し、秋落ちしやすくなる
魚介類
光合成
O_2
O_2
Fe
Fe
酸素が豊富にある環境の中で、植物プランクトンを食べる動物プランクトンや、それを食べる魚などが増殖。海が豊かになり、漁獲量も増える
植物プランクトン
動物プランクトン
鉄イオンが葉緑素合成を助けることで、海の植物プランクトンが増殖。活発に光合成して、海洋生物の生育環境に重要な酸素を作り出す

お茶と鉄で野菜が劇的にうまくなる

京都市●新谷《あらや》太一さん、野中鉄也さん

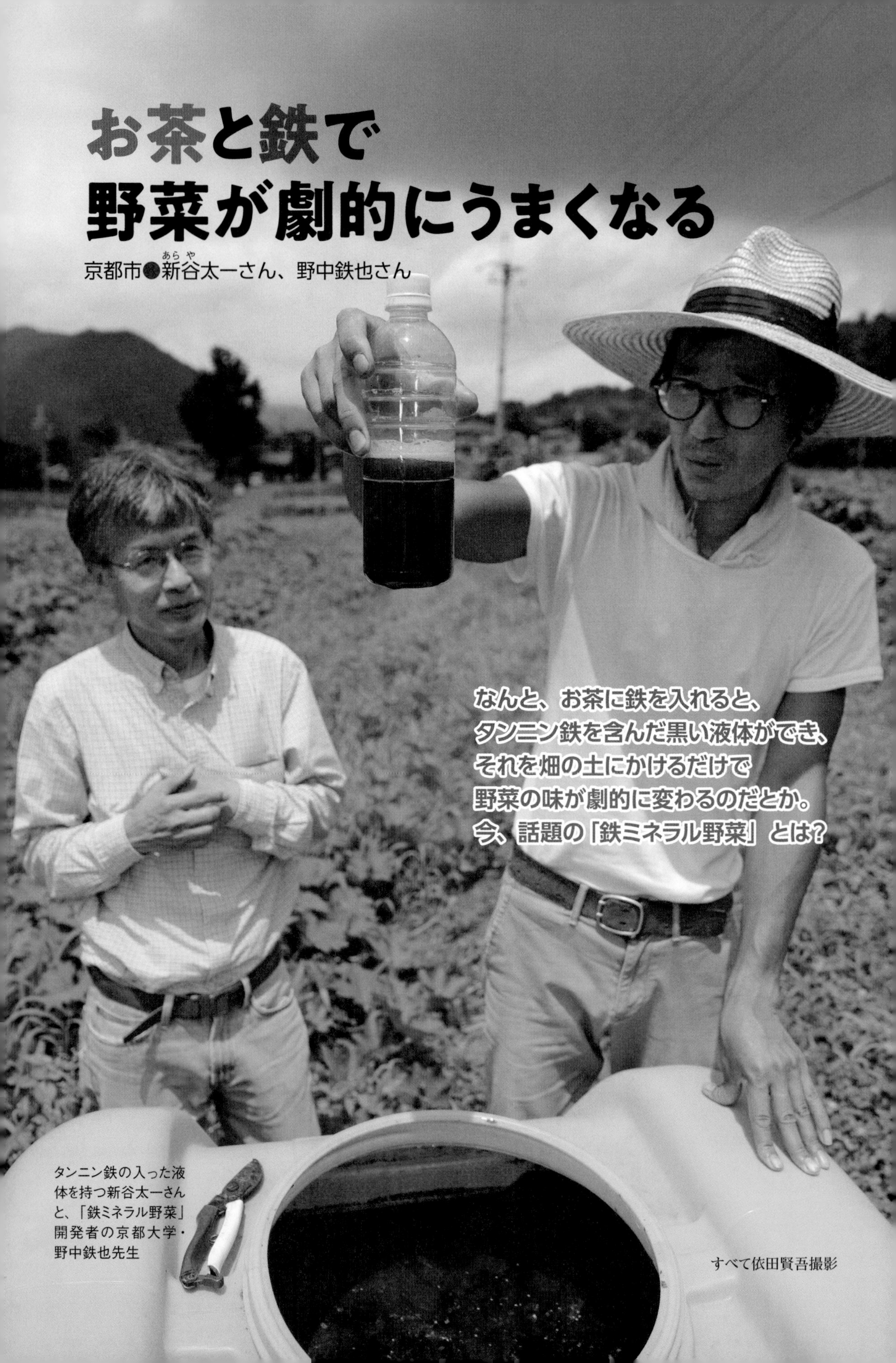

なんと、お茶に鉄を入れると、
タンニン鉄を含んだ黒い液体ができ、
それを畑の土にかけるだけで
野菜の味が劇的に変わるのだとか。
今、話題の「鉄ミネラル野菜」とは?

タンニン鉄の入った液体を持つ新谷太一さんと、「鉄ミネラル野菜」開発者の京都大学・野中鉄也先生

すべて依田賢吾撮影

三千院で有名な京都市・大原のウエンダ（上田）と呼ばれる土地に、新谷さんの有機無農薬畑がある。茶葉と鉄、水を入れた容器を各畑の隅に設置し、いつでもタンニン鉄を散布できるようにしている

京都府内の産地からもらった廃棄茶葉（製茶機に詰まった粉状のもの）。5kg分ほどを洗濯ネットなどに入れて容器内の水に浸す

鉄の供給源は使い古しのロータリ爪。
500ℓタンクに10～15本入れている

土にかけるだけで、エグ味が消えてフルーティーに

キュウリ定植前の畑。「これからタンニン鉄を全面散布します～」と新谷さん。といっても、ハス口をとったジョウロをふりふりしながら畑を往復するだけ。「簡単ですよー」

10日前にかん注したツルムラサキは、みずみずしくフルーティーな甘みがあった。かん注しなかった株と食べ比べたが、エグ味が消えて味がまったく違っていた

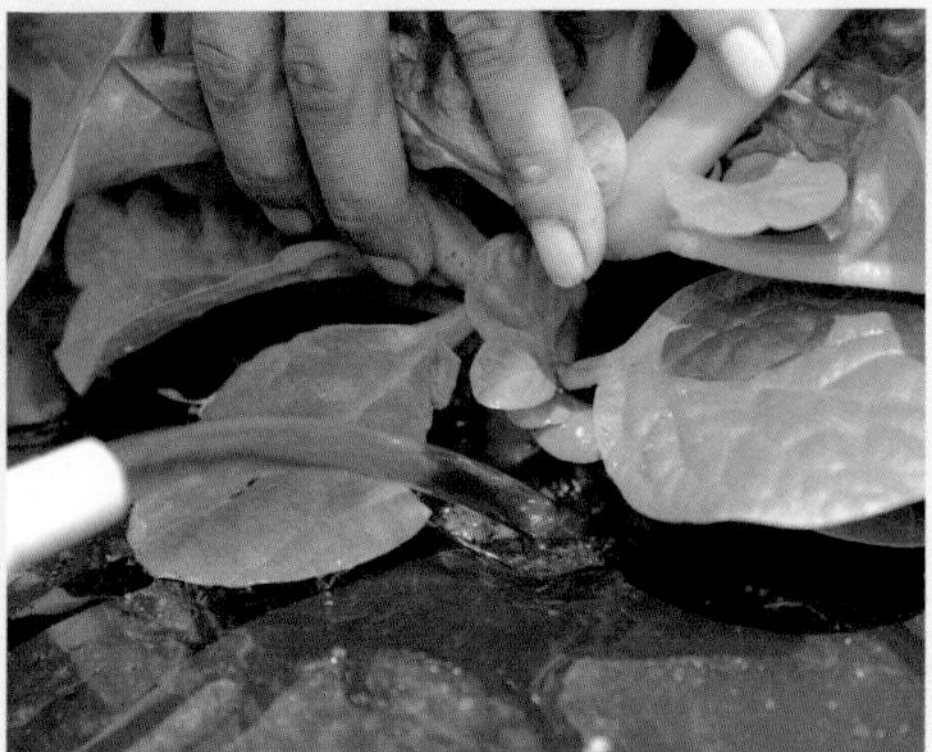

作物の定植時と収穫1週間ほど前に株元にかん注（収穫期の長い果菜類はピークを過ぎた頃にもう1回かける）

タンニン鉄を補給して栽培。6月15日にタネ播きしたキュウリがとても素直な生育をしていた（7月31日撮影）。元肥は鶏糞のみ（3aで50kg）。タンニン鉄をまくと雑草の生育も旺盛となる

「ろくなもんがとれん畑」でも、濃厚な味のキュウリ

3年前に借りた畑。地元の人曰く「この畑は何をつくっても、ろくなもん（おいしい野菜）がとれん」。山側が全面コンクリート張りで、用水も手前を流れて畑に入らない。山のミネラルを含んだ沢水から分断された土地だ。「鉄ミネラル野菜の視点で見ると納得できる」と野中先生

3段目の収穫が始まったキュウリ。品種はときわかぜみどり（右）と四葉。食べると、実の先端から付け根まで甘くて濃厚。新谷さんの奥さんも含め、配達で野菜を届けるお客さんの中には「鉄ミネラル野菜を食べて貧血が治った」という人もいる

お茶に鉄釘、直接飲んで鉄分補給

ペットボトル茶に鉄釘を5本入れてみた

数分もすると鉄が溶け出し色が変わり始め、1時間後には、こんな色に！

敏感な人は「鼻血の味がする」そうだが、新谷さんは直接飲んでも平気。ただし、今回は鉄釘の量が多かったので、「初めて鉄臭を感じた」。野中先生によると、「お茶に鋳物の鉄ナスを10分ほど入れたものを2週間飲み続けると、貧血改善効果が期待できる」そうだ

山で、畑で、田んぼでタンニン鉄を作る

大阪府豊能町●工藤康博さん、福島県南会津町●月田禮《れい》次郎《じろう》さん、京都市●中村光宏さん

植物の持つタンニンと鉄を反応させて作る、タンニン鉄。
土にかけると植物が元気に。
各地の農家が自分なりの作り方・使い方に挑戦中！

身近にいろいろ タンニン素材

青柿・豆柿

未熟な青柿（奥から甘柿と豆柿）にはタンニンが豊富（伊藤雄大撮影、以下I）

豆柿を求めて山へ

山でとった未熟な豆柿。強烈な渋み（タンニン）がある。これを潰して発酵させた液が柿渋で、番傘や漁網に重ね塗りして防水・防腐効果を高めた（I）

大阪の工藤康博さん（55ページ）はかつて柿渋作りに使われた豆柿をとりに、近所の山へ向かった（I）

クリの新葉にも豊富

クリの葉。クリタマバチの虫こぶ（中央）にもタンニンがたっぷり（倉持正実撮影、以下K）

工藤さんが作った青柿のタンニン鉄。潰した青柿を水で薄めて鉄を反応させた。タンニンが強力なためか、たった3時間で真っ黒な液体に（I）

クリの新葉

福島の月田禮次郎さん（64ページ）はクリの新葉からタンニン鉄を作る。軟らかい新葉には虫害を防ぐためのタンニンが豊富。葉っぱを木槌で叩いて傷つけてから、水の中で鉄に反応させる（K）

田んぼでもタンニン鉄

水口に「鉄ミネラルのティーバッグ」を設置して水を流し入れる。モヤモヤと黒いタンニン鉄が広がっている（田中康弘撮影、以下T）

タンニン鉄が効くと藻や浮き草が一面に生える。これらにはシアノバクテリアと呼ばれるチッソ固定のできるラン藻類も共生していると考えられる。土中には同じくチッソ固定のできる鉄還元細菌（115ページ）も殖えるはず（T）

8月5日（出穂20日前）。周囲の田んぼはチッソ切れで葉色が褪めてきているが、タンニン鉄の田んぼは無施肥なのに青々。シアノバクテリアの働きによるものか？（中村光宏撮影）

京都の中村光宏さん（22ページ）は、タンニン素材として茶業組合から粉末状のクズ茶をもらってきて、田んぼにタンニン鉄を流し込む（T）

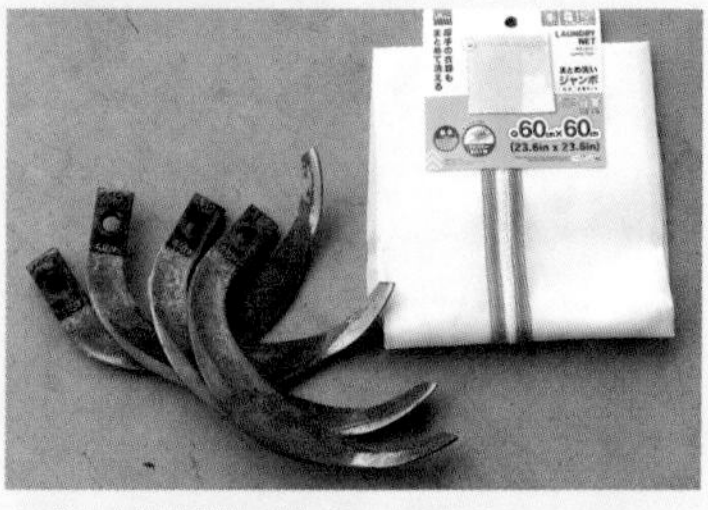

まず、洗濯袋に粉末のクズ茶とロータリ爪を入れて、「鉄ミネラルのティーバッグ」を用意する（T）

鉄とタンパクたっぷりレシピ

京都市●伊藤佳世

忙しい農家の皆さんも、自宅で手軽にできる鉄ミネラル料理を紹介します。

水出しで簡単 鉄ミネラル出汁

〈材料〉
鉄ナス（鉄玉子）…1個
タマネギの外皮…1/2 ～1個分
昆布 3 ～ 4㎝…2 ～ 3枚
干しシイタケ…1/2個
水…800㎖

●材料を清潔な容器に入れ、一晩冷蔵庫に入れておくと、タマネギの皮のタンニンと鉄が反応して、出汁が黒くなる。
●長く置くと、真っ黒になって鉄臭さが強くなるので、1～2日で使い切る。
●再度水を入れると、2～3回出汁がとれます（タマネギの皮は色が抜けたら、交換）。
●材料が傷まないよう、必ず前の出汁は使い切りましょう。

トマトや豆乳などで
アレンジできる
基本のスープ

鉄ミネラル出汁の ボーンブロススープ

〈材料〉
水…400㎖
鉄ミネラル出汁…400㎖
手羽元…5本
手羽先…5本
スライスショウガ…1片分

〈作り方〉
❶すべての材料を圧力鍋に入れて圧がかかったら15分弱火にかけ、自然と圧が抜けるのを待つ。
❷圧が抜けたら、表面に浮いている黄色い油を捨てる。
❸骨が簡単にはずれるので、外してショウガも取り出して冷凍保存。いろいろな料理に使いまわす。
*圧力鍋がない場合は、炊飯器に材料を入れて普通炊飯モードで加熱し、そのまま保温で3 ～ 6時間放置する。

筆者。自らの体調不良を食事で改善した経験から、「腸美活」をテーマにした料理教室をスタート。現在、「The Kitchenプロジェクト計画」を企画運営

ボーンブロスを使った 野菜たっぷりスープ

〈材料〉2人分
ニンニク…1/2片
おろしショウガ…小さじ1/4
タマネギ…1/8個
ダイコン…3㎝
ニンジン…1/4本
ボーンブロススープ…2カップ
水…1カップ
ローリエ…1/2枚
塩…小さじ1/2
醤油…少々
黒コショウ…好みで
油…少々

〈作り方〉
❶ニンニクはみじん切り、タマネギは粗くみじん切り、ニンジンとダイコンは皮つきのまま1㎝程度の角切りにする。
❷冷たい鍋にニンニク、ショウガ、油を入れて火にかけ、香りを出す。
❸②にタマネギを入れたら塩を少しふり、半透明になるまで炒める。
❹③にニンジン、ダイコンを入れて水小さじ1を入れてフタをし、無水で5分ほど蒸し煮する。途中焦げないように底をひっくり返す。
❺④に水、ボーンブロススープ（肉入り）、塩、ローリエを加え、強火で沸騰させたら、弱火にする。野菜が軟らかくなったら好みで醤油で味を調え、コショウをふりかける。

鉄ミネラル出汁入り 麻婆豆腐

〈材料〉2人分
木綿豆腐…1丁
豚ひき肉…100g
タマネギ…1/8個
ニンニク…1片
ショウガ…1片
油…大さじ1
ネギ…1本
ゴマ油・ラー油…適量

【調味液】
鉄ミネラル出汁…200㎖
みりん…大さじ1
味噌…大さじ1
醤油…大さじ1/2
塩…小さじ1/4
【水溶き片栗粉】
片栗粉…小さじ2
水…小さじ2

〈作り方〉
❶豆腐は2㎝角の角切りにする。タマネギ、ネギ、ニンニク、ショウガはみじん切りにする。
❷鍋にひとつまみの塩を入れて湯を沸かし、豆腐を入れて中火で2分ゆで、水気を切る。
❸冷たいフライパンに油をひいて、タマネギ、ネギ、ニンニク、ショウガを加え中火で香りを出す。
❹③に豚ひき肉を入れ、すぐに鉄ミネラル出汁を入れて肉をほぐす（肉が冷たい間に水分を加えると簡単にバラバラになる）。
❺沸騰したら、みりん、塩、醤油、味噌を入れて再度沸騰させ、あらかじめ水で溶いておいた片栗粉でとろみをつける。
❻⑤に豆腐を入れて2分ほど煮る。
❼器に盛り、好みでゴマ油、ラー油をまわしかけ、刻んだネギを散らす。

第1章

タンニン鉄の魅力と使い方

茶葉とロータリ爪を原料に、タンニン鉄が抽出できる（依田賢吾撮影）

鉄茶でおいしくなる！

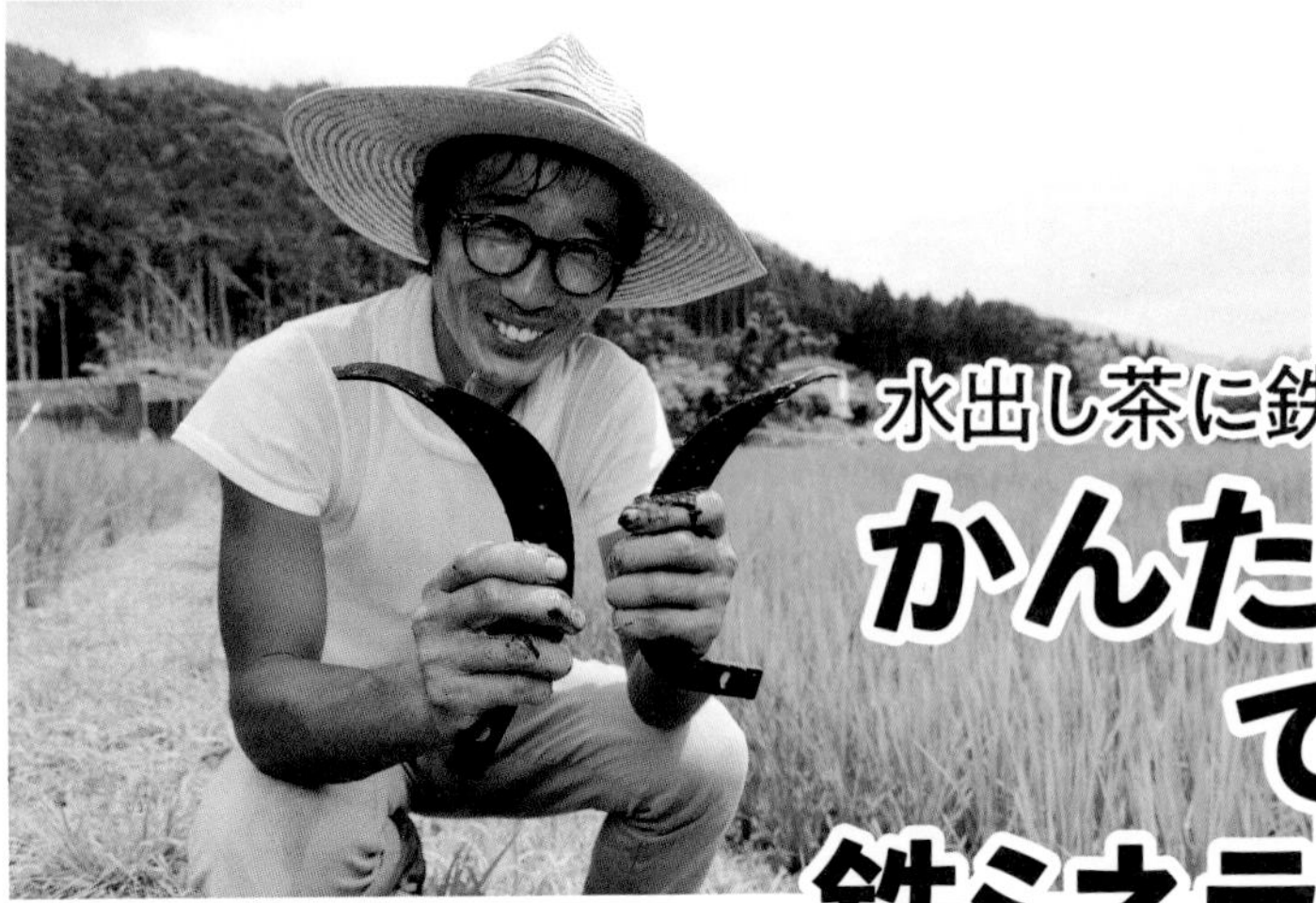

筆者（45歳）。タンニン鉄を投入している田んぼの前で。鉄の供給源は使い古しのロータリ爪（すべて依田賢吾撮影）

水出し茶に鉄を入れるだけ

かんたん液肥でつくる鉄ミネラル野菜

京都市●新谷《あらや》太一

フルボ酸鉄とタンニン鉄

私は8年前から京都市左京区大原で田んぼを借りて、タンニン鉄を利用した農法を実践しています。

鉄には、就農以前から関心がありました。前職で日本酒やワインの仕入れの仕事をしていたことと、白ワイン好きが高じて、それに相性のよいカキの産地巡りを始めました。知識を深めたいと出会った本が、「森は海の恋人」運動で有名な畠山重篤さんの『牡蠣礼讃』（文藝春秋）。森（広葉樹林）の水が運ぶミネラル分が海中のプランクトンを育成しカキをおいしく育てる。なかでも重要なミネラルが、腐葉土に含まれるフルボ酸と反応した鉄分であると述べられています。

そして2011年に京都市内で開かれたある講演会で、偶然隣の席に座った京都大学の野中鉄也氏（68ページ）との雑談のなかから、タンニン鉄もまた同じしくみで発生することを教わりました。お茶に浸かった鉄釘は、数分もあれば溶け出します。最初、黒いモヤモヤしたものが現われて、やがてお茶が真っ黒になります。この真っ黒の正体がタンニン鉄、つまり、森（広葉樹林）の力そのものです。

広葉樹の腐葉土に含まれるタンニン（ポリフェノール）が地中の鉄分と反応し、動植物に吸収されやすい形（タンニン鉄）となって沢に流れ込み、すべての生物の活力となるというのが野中氏の考察です。私はフルボ酸鉄によるミネラル循環を肯定していますが、それにも増して野中氏のタンニン鉄説に魅力を感じました。

少量の茶葉と鉄があればOK

理由の一つは、再生（作り方）が簡単だから。水出しのお茶に鉄を入れるだけで、森の力を再生できる点です。

お茶の葉は、京都府内の製茶工場から出るクズ茶を使っています。鉄は、鋳物があれば最良ですが、ない場合はすり減ったロータリ爪を使います。私の場合、500ℓタンクに茶葉5kg、

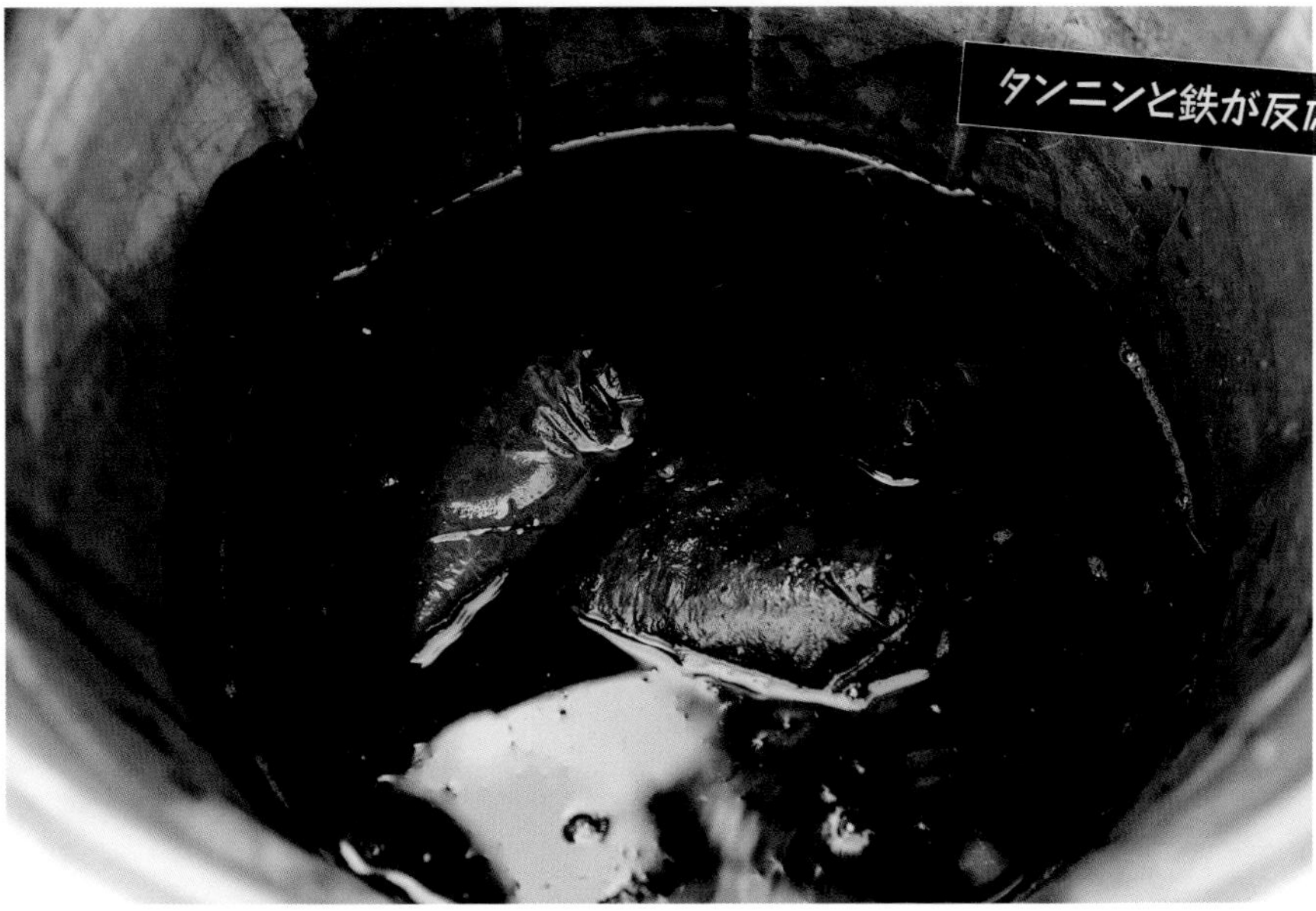

タンニンと鉄が反応して漆黒の液体に

各畑の隅に容器を設置し、水に鉄とお茶パックを入れている。タンニン鉄ができて水の色が漆黒になる

お茶パックの中を開けてみた。茶葉はトロトロに溶けている

もともとは粉末状のクズ茶。府内の製茶工場から分けてもらう

上の写真の容器に入れている鋳物の鉄（重機の部品）。鉄分がよく溶け出て、エース級の働きをしてくれる。これなら500ℓタンクに1、2個入れれば十分

ロータリ爪は10〜15本投入しています。数日でタンク内の溶液が漆黒に変化します。それを、畑全体に散布して耕耘し、定植後にも株元に直接注ぎ込みます。さらに収穫の1週間ほど前にも株元に注ぎます（収穫期間の長い果菜類は、ピークを過ぎた頃にもかける）。

森の力を再生するために大量の落ち葉・腐葉土を用意しなくても、タンニンの抽出目的で比較的少量の乾燥茶葉を使うのみです。私のように新規就農で労働力が一人であっても、無理なく取り入れられます。

ミネラル循環の一端を担う

二つ目の理由は、タンニン鉄が人間の生活文化に溶け込んでいたことです。

興味深い事例を挙げると、温暖で腐葉土が形成されにくい亜熱帯の沖縄では、昔、タンニンを多く含むマングローブの樹皮から煮汁をとり、漁網を浸け込んでその耐久性を上げていたそうです。これは、鉄ミネラルを使う私からすれば、こう解釈できます。

日々の生活のなかで知らず知らずのうちにタンニンを抽出し、漁をしながら川や海に拡散させる。そこに自然界の鉄分が反応して、生物に吸収されや

すい形状のタンニン鉄へと変容させていた――。

　つまり、ミネラル循環の一端を人間が担っていたのです。同様にタンニン豊富な柿渋もさまざまな生活場面で使われていました。泥染め、なめし、お歯黒、黒インクなどはタンニンと鉄の反応そのものです。

　おそらく日本人に鉄分不足が多いのも、戦後に生活スタイルが大きく変化し、タンニン鉄との関係が薄れたことに原因があるのではないでしょうか？その最たるものが、鉄分を循環させる動力源であった広葉樹林が針葉樹の植林事業によって激減したことだと思います。

　ミネラル循環の崩壊が、人の鉄分不足や沿岸漁業の漁獲減少の一因ではないか。そう考えると、農業で鉄ミネラルを使うことは、品質の高い作物をつくる目的の他に、人間の生活とミネラル循環との良好な関係を再生させる一つのアプローチにもなると思うのです。

野菜本来の甘み、旨みが出る

　さて、これまで試行錯誤しながら、お茶のタンニンと鉄を反応させた鉄ミネラルを、自分の農業に活用してきました。もっとも大きな効果は、食味の変化、あるいは葉や果実のハリ・ツヤといった質感の違いです。

　とくに食味に関して私の野菜では、渋み、エグ味のない透明感のある後味と野菜本来のもつ甘みや旨みが素直に感じられます。おそらく、植物に吸収された鉄分が、渋み、エグ味の元であるタンニンと反応することで、野菜の味を変化させていると考えられます。鉄分が野菜の中の酵素を活性化させて

肉厚でみずみずしく、味が濃厚

ピーマンも生でもエグ味がない。先端から付け根、タネまでみずみずしくておいしい

赤オクラ。もちろん生で食べてもおいしく、付け根のガクの辺りまで甘み、旨みを感じられる

しば漬けの発祥の地とされる京都・大原の赤シソは、平安時代からの特産品。鉄ミネラル液をかけると葉っぱの発色がよく肉厚で、味が濃厚になる

株元に鉄ミネラル液を注ぐ

田んぼの水口にも、茶葉と鉄

大きな洗濯袋に茶葉とロータリ爪を入れて、水口に設置。時期になると水口にホウネンエビやカブトエビが大発生する

落水後なのでわかりにくいが、浮き草やラン藻が旺盛に繁殖する。ラン藻による酸素供給、チッソ固定を期待。無肥料で反当300kgほどの収量。今年は鶏糞もまいた

細胞壁を強くする効果もあり、シャキシャキ感が増すとともに、野菜の日持ちもよくなります。

実際にウネごとにタンニン鉄をまいた野菜、そうでない野菜をつくり、そのことを伏せたまま第三者に味見してもらうと、皆さん味に大きな違いがあるのに驚かれます。

田んぼではラン藻・浮き草が元気に

水稲に活用する場合は、洗濯ネットに10a当たり20kg程度の茶葉と鉄（ロータリ爪5～10本）を入れ、代かき時に水口に置いておきます。2週間もすれば、ラン藻や浮き草が旺盛に発生します。

これらを利用した抑草法を実験中ですが、水稲の生育初期段階で遮光され水温が上がらないリスクもあります。したがって私の場合、抑草効果よりはラン藻による酸素供給とチッソ固定を期待し、施肥を少量に抑えながら根を張らせる効果に重点をおいています。

摂取するものから、巡るものへ

収穫した野菜や米は、主に個人宅配中心で販売しています。現在の配達先は40軒ほどあり、毎週、おまかせ＆定額で6～7種類の野菜を届けています。宣伝は一切していませんが、口コミで鉄ミネラル野菜は広がっています。

実際、購入のきっかけは「鉄分不足による体調管理が必要だから」という方が多く、ほとんどのみなさんがその後も継続的に購入を続けています。

ちなみに私の家内も、もともと日常生活に支障が出るほど貧血がひどくて鉄剤を服用していましたが、なかなか改善されませんでした。鉄剤から鉄ミネラル野菜の摂取に切り替えて、半年ほどで貧血による諸症状が緩和してきました。こうした事例を目の当たりにすると、鉄は錠剤として摂取するものではなく、森から畑、野菜、人間へと巡るものだと実感します。

鉄ミネラル技術の本質とは？

ここまで、タンニン鉄の扱い方や鉄ミネラル野菜の性質について書いてきましたが、この農法は野菜本来の味を超えて極端に食味を向上させたり、姿形をとびきり大きくさせたりする技術とは、また違うところに位置する農法だと思います。

鉄ミネラル技術の本質は、循環の経過で生物本来の活性を取り戻すところにあります。土にまけば、鉄ミネラルをエサに微生物が活性化する。その微生物がつくり上げた健全な土に根を広げた植物もまた鉄を吸収して育ち、それを食べる動物が生命の糧にする。

この農法は、滞ったミネラル循環の流れを、野菜やイネの力を借りて潤滑に巡らせる作業だといえるかもしれません。

田んぼではチッソ固定が増える⁉

雑味なし、極上の鉄ミネラルもち

京都市・ひかり餅中村本舗●中村光宏

鉄ミネラルもちを頬張る筆者（46歳）
（すべて田中康弘撮影）

もち加工に活路を見出す

私は京都・伏見の巨椋池《おぐらいけ》で先祖代々続く米農家に生まれ育ち10代目になります。21歳のときに父を亡くし、それまでは手伝い程度だった農業を本格的に始めることになりました。父の背中を見て育った私に農業に対する迷いはありませんでした。ひたすら農業技術の習得に励み、米と九条ネギを中心に他の野菜も少量ですがいろいろと栽培していました。

転機は28歳のとき。結婚した年でもあり、夫婦二人での経営をどうしていくか……と考えていた矢先、私にとって人生を左右する運命の仕事に出会いました。それがもちでした。

なんと、ある会社の社長が自ら杵と臼でドスンドスンと大きな音を立てて、百貨店でもちをついておられたのです。農家では年末になると当たり前のようにもちをついています。それを百貨店でやっている光景を目の当たりにして、これなら私にもできると思っ

キメ細やかで透明感のある鉄ミネラルもち

「鉄ミネラルのティーバッグ」を水口に置くだけ

ティーバッグを水口に置き、水を入れると、クズ茶のタンニンと鉄がくっついてキレート化した鉄ミネラル液が流れ出す

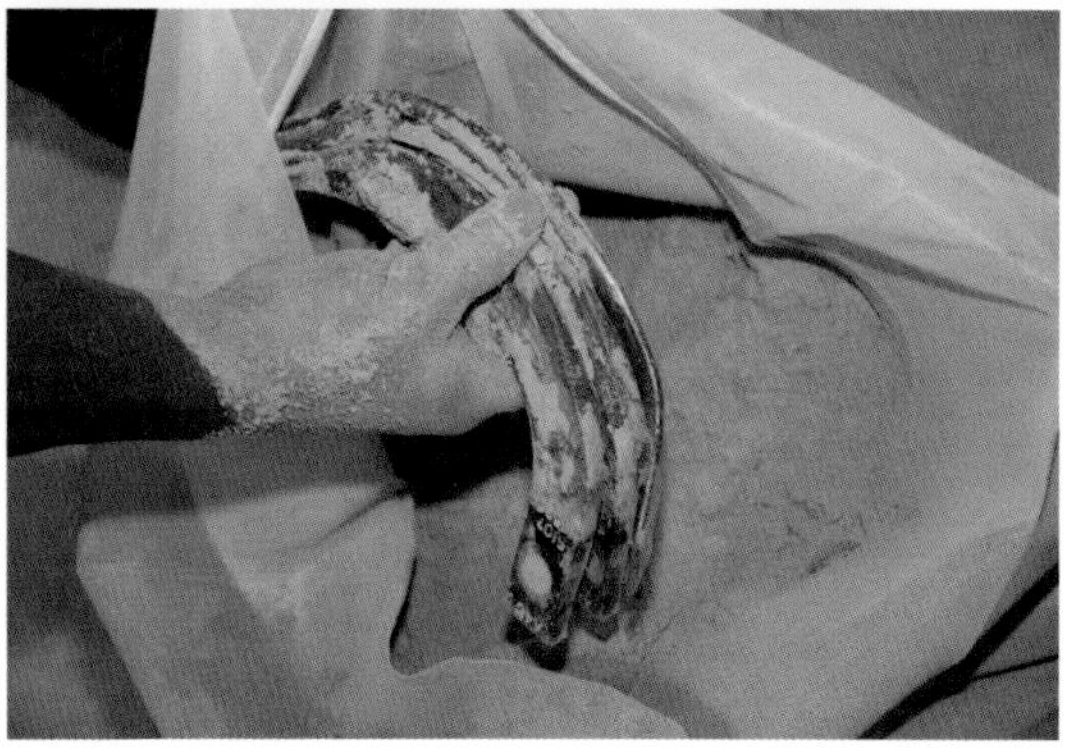

60㎝×60㎝の洗濯ネットにクズ茶を詰め、ロータリの爪を3～4本入れる。パンパンに詰めると1袋10kgほどに

たのです。その社長が百貨店に紹介してくださり、もちつき販売をすることが可能になり、私の大きなチャレンジが始まりました。

社長からは、つきたてのもちは何もしなくても売れる、農家は加工販売していく時代、とにかく田舎らしさを出す、できたてを販売する、パッケージはシンプルにするなど、売るためのノウハウを一から教わり、今でも大変感謝しております。

鉄ミネラル栽培で安定した味を求めて

とはいっても最初からもちが飛ぶように売れるわけではなく、当初は人件費も出ないほどの売り上げでした。しかし17年続けてきた今では「あんたとこのおもち食べな正月迎えられへんわ」「このおもち食べたら、よそのおもち食べれへんわ」という声も多数いただき、年末には1個120円のもちを1日8000個ほど製造するまでになりました。

もち米は最高品種の「滋賀羽二重糯」を仕入れていましたが、米づくりに自信があった私は、自分で栽培してみようと、徐々に面積を増やし、今では4haの滋賀羽二重糯を作っています。

できるだけ自然農法を取り入れたいと、EM農法などにもチャレンジしたりしましたが、EM発酵堆肥を作るだけでもかなりの重労働でなかなか続けられませんでした。農業というのは天候に左右され、日照時間によっても収量が増減し、それによってもちの味が左右される。いかに安定した味を出し続けられるのかを常に考えること18年。そんなとき、知り合いからご紹介いただいたのが、鉄ミネラル栽培を生み出した京都大学の野中鉄也先生でした。実際に鉄ミネラル農法を取り入れている農家の方もご紹介いただき、栽培方法を伝授してもらいました。

私が鉄ミネラル栽培を実践しようと思った一番の理由は、経費がかからないことです。農薬や化学肥料を使わなくて栽培できるなんて夢のようでした。

初期生育が遅れるが、一気に盛り返す

初めて鉄ミネラル栽培を試したのは、昨年の田植えから。2反の田んぼで始めました。まず6月上旬の田植え前の代かき時に大きめの洗濯ネットに粉末のクズ茶と鉄を入れ（勝手に鉄

鉄ミネラル液（黒い液体）が田んぼに広がると、土中の微生物やラン藻類などが一気に活性化する（※ティーバッグは、基本代かき前に入れるが、効きが悪いときは途中で追加する）

ミネラルティーバッグと呼んでいます）、これを1反に20kg目安で水口に置いて、田んぼに水を張るだけで、鉄ミネラル液がみるみる広がっていきます。田んぼが黒く染まっていくので、見ていておもしろいです。

通常、鉄ミネラル栽培は草が生えるのを防ぐために、代かきを3回すると指導されましたが、春は忙しかったので1回で試しました。結果、なぜか草が生えてこなかったので、田植え後の除草剤は一切使わずに済みました。水管理としては、途中で乾かすと鉄ミネラルの効果が薄れると聞いたので土用干しもせず。7月下旬頃のイネの様子は、葉巻き虫（コブノメイガ）がつかないような淡い葉色で、通常この時期に殺虫剤と殺菌剤（イモチ対策）を混ぜて散布するのですが、散布せずに終わり。追肥もしませんでした。鉄ミネラル栽培は肥料なしでもいけると聞いたからです。

無肥料だったため、田植え直後、鉄ミネラルの効果が発揮されるまでは周囲の田んぼより3週間ほど生育が遅れ、少し心配しました。しかし、鉄ミネラルが効いてくると、株が一気に横に広がり、茎数が増え、丈も伸びていき、その後は周囲の田んぼと同等もしくは、それ以上の生育が見られるようになりました。出穂は8月下旬です。

10月に収穫を迎えた結果、反収は5・6俵でした（化学肥料を使う例年は6・5俵ほど）。初めての年で、しかも肥料も農薬も使わずに、これだけ収穫できたなら上出来だと感じました。今年は一気に栽培面積を4ha（全圃場）に増やしました。

藻が生えるかどうかが一番のポイント

今年の作付けの現段階（6月下旬時点）での状況を報告します。

①田植え後に草が生えてきた田んぼは4枚。当地で問題になるのはクログワイです。他の14枚は生えずに経過。生えた理由と今後の対策を自分なりに考えてみました。

この十数年、荒起こしは10〜15cmと浅めにしていました。しかしクログワイの塊茎は地中20cmほどの深いところでも形成される。これが悪さをしていたのではないか。塊茎を殺す必要がある。それには、秋に25〜30cmの深さで天地返しをし、塊茎を一度地表にさらして、冬の乾燥で枯死させる必要がある。実際、近くの田んぼの方がパワーディスクで天地返しをされていて、その方に確認してみると、クログワイが生えていないとのこと。これで問題が解決されるのではと思っています。

②鉄ミネラルのティーバッグの量。昨年は1反10kg×二つで試しましたが、少ないことが判明。今年は10kg×四つに増やしました。すると藻が急激に増えてきた田んぼが数枚出てきまし

た。

鉄ミネラルが効くと藻が生えてきます。藻がマルチのように草を抑えるだけでなく、ラン藻類がつくと空気中のチッソも固定するそうです。化学肥料なしでも栽培ができるということです。鉄ミネラルが効いているかどうかは、藻が生えるかどうかが一番のポイントになります。

まだまだ、クリアしなければならない問題はありますが、大まかな点はこの二つです。

このおもち、おいしすぎる！

さて、一番気になる鉄ミネラルもちの味や食感、見た目についてですが、通常のもち（化学肥料と農薬２回使用）と比べると、雑味がなく、すっきりしたおいしさ。キメが細かく滑らかで、のど越しもよい。また、より白く透明感があるのです。

うちの通常のもちと鉄ミネラルもちを購入し比較してくださったお客様の感想では、とにかく見た目や味が違う！　とのことでした。やさしい甘みがあり、おいしかったと。また別の友人は、うちのもちの大ファンでＢＢＱのときに、さりげなく鉄ミネラルもちと通常のもちを出してみたら、仲間が鉄ミネラルもちを口にした途端、「何、このおもち、おいしすぎる！」と反応したのだとか。その方、かなりのもち好きだったそうです。

鉄ミネラルで、よそにはない味を出すことができ、これまでの倍以上の１個３００円という価格で販売できました。感無量です。全国の皆様、ぜひ一度うちのもちをご賞味ください。

最後になりますが、この農法をもっと世に広め、地球温暖化の防止につなげたい。そして安定した収量がとれるよう、努力を惜しまず精進していきたいと思っております。

鉄ミネラル液を入れて20日ほどで藻が生えてきた。これが雑草を抑え、チッソを固定している!?　「藻は田んぼ全面に生えないこともあります。ただ、藻が生えない場所でも草がほとんど生えないんです。不思議ですが、化学肥料をやらないと、草はおとなしくなるのかもしれません」

自宅脇の倉庫にある、もち加工場兼店舗。多いときはもちを1日8000個以上製造する

鉄茶で土がふんわり、アミノ酸たっぷりの葉物野菜に

埼玉県春日部市●板倉大和

当社で作る雑草堆肥。街路樹のせん定枝や河川の刈り草で作る

鉄入りのソバ茶で目覚めスッキリ

埼玉県では街路樹のせん定枝と道路・河川の刈り草を材料として堆肥を製造し市民に配布しており、私はその事業の受託業者として20年ほど関わってきました。

製造の実際を通して微生物や発酵について学び、堆肥と土づくりのノウハウを得てきました。この技術を農業に生かすべく、昨年より春日部市にて70aの耕作放棄地を借り受け、法人（㈱いた倉）として新規就農しています。

タンニン鉄との出会いは、昨年11月。知人の開催したイベントで野中鉄也先生と出会ったことからです。現在の自然環境では鉄が循環していないこと、人や作物にとって鉄がいかに有用かを知り、まずは自分が飲むことから始めました。

従業員と一緒に毎日飲んでいるソバ茶に漬物用の鉄を入れると、ソバのルチン（ポリフェノール）に反応して茶の色が黒くなります。これを飲み始めて2週間ほどで朝スッキリ起きられる感覚を得ました。この原理を私も追求したいと思い、「一般社団法人　鉄ミネラル」の一員となり、研究活動に参加することにしました。

鉄茶区は雑草の勢いもよい

当社が借りた畑「ひのもとファーム」は、20年以上耕作されていませんでした。しかし、地主さんがこまめに雑草の芽が出てはトラクタですき込んできたため、有機物が極端に少なく、リン酸吸収係数の高い関東ローム層がむき出しになったような土壌です。

今回、鉄茶をまく、まかないの比較試験をするにあたり、1月に当社の雑草堆肥を10a当たり2tとモミガラく

筆者（42歳）。鉄茶をまいたコマツナは旨みがすごい（すべて編集部撮影）

コマツナのウネ断面を掘ってみた

茎も直根も細く、細根も少ない。鉄茶区と比べて土はべとつきがあった

鉄茶区と比べて明らかに小ぶりな生育。生で食べると水っぽく感じた

茎が太く直根もスーッと長く伸びている。細根も多くてしっかり肥料を吸えていそう。鉄なし区と比べて土は軟らかく、ふわっとした感じ。光の加減で写真ではわからないが、色は黒っぽかった

収穫期を少し過ぎてしまったが生育旺盛。茎を生で食べると、みずみずしくて旨み、甘みが強い

タンニン鉄。九州の有機無農薬茶園からクズ茶を取り寄せ、鉄材と反応させて作る

ん炭を2500ℓまいて植物性の有機物を一気に増やしました。そのため作付け前はとくにカリが過剰で、石灰、苦土、リン酸、チッソはやや過剰な状態でした。

試験ではコマツナ、ホウレンソウのタネを播いて、鉄茶を散布したウネと、水をまいたウネとで生育差を比較します。収穫後には土壌の化学性と微生物性の診断や、とれた野菜の成分分析も試みました。

鉄茶はタネ播きの5日前と発芽して10日後の2回散布。量は長さ5m幅60cmのウネに10ℓです。

播種は4月25日で、発芽率に差はなく、初期生育は若干鉄なし区のほうがいいと感じました。しかし、発芽3週間後から鉄茶区は作物も雑草も旺盛に生育してきました。無農薬栽培ですが、虫害は鉄茶のウネが若干少ないよ

うに感じる程度の違いでした。

鉄茶区はアミノ酸含有量が高い

ホウレンソウはあえて除草せずに置いておいたら、途中から雑草に覆われましたが、手除草をしたコマツナは鉄茶区のほうが生育もよく、食べると味がぜんぜん違います。明らかに渋みが少なく、旨みがあり、生でもおいしく食べられました。それに比べると鉄なし区は水っぽく、火を通さないと苦みを感じる味となりました。

ただし、成分分析に出したところ、糖度こそ鉄茶区のほうが高かったものの、抗酸化力、ビタミンCともに鉄なし区のほうが高く、硝酸イオンは鉄茶区のほうが高いという予想外の結果が出ました。分析方法について検査機関に問い合わせると、この値は検体100g当たりの含有量なので、水分量によって変動するとのこと。株が大きくみずみずしく育った鉄茶区は不利だったようです。

じつは土壌改良前のやせ土でも同様の比較試験を行なったのですが、そこで育てたホウレンソウのアミノ酸含有量も調べてみました。検査料金が高額なため、やせ土でどれくらいアミノ酸が合成されるかに絞って数値を見たのですが、表1のとおり18種のアミノ酸についてすべて鉄茶区のほうが高い結果となりました。

表1　ホウレンソウのアミノ酸分析結果

アミノ酸	鉄茶区	鉄なし区
アルギニン	155	130
リジン	178	154
ヒスチジン	70	61
フェニルアラニン	145	128
チロシン	123	111
ロイシン	240	208
イソロイシン	123	108
メチオニン	59	50
バリン	163	142
アラニン	152	132
グリシン	150	131
プロリン	141	118
グルタミン酸	395	347
セリン	133	119
スレオニン	130	114
アスパラギン酸	288	247
トリプトファン	61	50
シスチン	47	44

＊単位：mg/100g

養分不足のやせた圃場で育てたものだが、鉄茶区は18種すべてのアミノ酸で、鉄なし区の数値を上回った

可給態チッソが効いて、アミノ酸がどんどんできた!?

土壌診断の結果（表2）で大きく差が出たのは、まずチッソの動きです。可給態チッソ、全チッソともにかなり減っています。

可給態チッソとは有機態チッソのなかでも低分子のタンパクやアミノ酸で、微生物により簡単に無機化されるチッソです。全チッソとは植物が利用できない非可給態チッソ（全チッソの98％程度）を含む土壌中のすべてのチッソ量です。鉄茶散布により、微生物が活性化し非可給態チッソが可給態チッソへとどんどん分解されたり、さらに無機化されたりして根に供給されたため、数値が下がったのかもしれません。

一方、作物は鉄分が補給されて体内での代謝が活発になり、吸収されたチッソがどんどんアミノ酸に合成されていったのではないでしょうか？

また、可給態リン酸の値も鉄茶区で大きく減っています。鉄茶散布によってリン酸の吸収も上がったのでしょうか？

表２　土壌診断の結果

分析項目	作付け前	鉄茶区	鉄なし区	適正値	単位
pH	6.9	7.6	7.6	5.5 ～ 7.0	–
CEC	39	37	44	15 ～ 25	meg/100g
石灰	700	710	830	–	mg/100g
苦土	130	110	130	–	mg/100g
カリ	430	320	370	–	mg/100g
石灰飽和度	64	68	68	40 ～ 60	%
苦土飽和度	17	15	14	10 ～ 15	%
カリ飽和度	23	18	18	5 ～ 8	%
塩基飽和度	105	101	100	60 ～ 80	%
可給態リン酸	74	43	65	20 ～ 50	mg/100g
リン酸吸収係数	1870	1780	1750	–	mg/100g
アンモニア態チッソ	10	1.1	1.1	3以下	mg/100g
硝酸態チッソ	17	2	3.4	3 ～ 10	mg/100g
可給態チッソ	9.4	7.9	12	5以上	mg/100g
全チッソ	582	491	572	300以上	mg/100g
全炭素	5690	5240	5700	3000以上	mg/100g
C/N比	9.8	10.7	10	10 ～ 12	–

肥えた土地で、作付け前の圃場（2月14日、播種70日前）と収穫後のウネの土（6月18日、鉄茶区と鉄なし区）を、それぞれ５カ所からとって土壌診断した。耕耘は播種の１カ月前と３日前にしたので、作付け前にも一定程度のチッソは流亡していると思われる

表３　微生物診断の結果

	作付け前	鉄茶区	鉄なし区	単位
糸状菌	12万	5.2万	2.6万	個/g
放線菌	570万	1300万	790万	個/g
一般細菌	2500万	5000万	4700万	個/g
微生物総数	3000万	6200万	5500万	個/g
細菌/糸状菌	245	1200	2100	–
水分率	29.8	28.2	24.5	%

作付け前と比べて糸状菌が減って、放線菌数や微生物総数が増えている。鉄茶区ではとくに放線菌の殖え方が顕著。病原菌が減って微生物相が安定する方向に向かっているようだ

放線菌が殖えて微生物相も安定する!?

微生物診断の結果（表３）を見ると、鉄茶区では微生物総数が増えており、なかでも放線菌数が高い値を示しています。

分析機関の川田研究所によると、放線菌はキチナーゼという酵素を出して、カビの細胞壁を溶かすため、放線菌が殖えると糸状菌数は下がる傾向にあるそうです。病原菌には糸状菌が多いため、その割合が下がると土壌病害が起こりにくく、微生物相が安定した土になるとのことです。

生育中のコマツナのウネ断面を掘ってみたところ、土の手触りが確かに違いました。鉄茶区はふんわりして根が張りやすそう。微生物の活動で団粒構造が発達するのかもしれません。

＊

今回、鉄茶散布で野菜の味がよくなる理由を追求するべく、作物と土壌の分析をしてみました。１回の分析で確たることはいえません。今後も継続的に分析し、タンニン鉄散布の効果を掴んでいきたいと思います。

鉄分の多い土地にクズ茶をすき込む

ゴボウのアクが出ない、連作障害もなくなった

滋賀県野洲市●吉川英雄さん

畑で洗って皮をむいた。このまま1日置いてもアクが出ない（すべて依田賢吾撮影）

河川改修を境に品質が落ちた

滋賀県の湖南平野はもともと鈴鹿山系の花崗岩（雲母）から出る鉄分（カナケ）の多い水が流れる扇状地。野洲川の河口に位置する吉川地域は水はけのよい砂地であり、鉄分を欲しがるゴボウにうってつけの産地で、「吉川ゴボウ」として京都で人気の野菜だったとか。

しかし、昭和50年頃の野洲川の河川改修を境に、昔のように歯切れのよいゴボウができなくなっていた。繊維が細くて硬く、切ったらアクですぐ黒くなる……。

原因はどうやら、森のミネラルが畑を通らず川から直接琵琶湖に流れるようになったからのようだ。河川改修以前は、たびたび増水して液状化現象を起こしながら、川土が畑に流入。鉄分を多く含んだ水や土が絶えず供給されていたという。

吉川英雄さん（73歳）。ゴボウ50a、ハクサイ、キャベツ、ブロッコリーなどを70a。すべて有機無農薬栽培

皮を食べてもエグ味がない

約50ａの畑でゴボウをつくる吉川英雄さんは、6年ほど前から鉄ミネラル栽培を実施。すると、以前のゴボウの味やシャキシャキ感が戻ったのだという。

「ほれ、食べてみぃ」

吉川さんが1本抜いてその場で洗って皮を剥いてくれた。手渡されたの

連作3年目の圃場（7月31日撮影）。普通は発芽が揃わず、根腐れ（ヤケ症）が出るが、この後も順調に生育。高単価の正月に出荷予定

は、ヒゲのついた皮のほう。ちょっと戸惑ったが、促されるまま口に入れると、エグ味がぜんぜんなく、あっさりとしている。しかも、切り口は白いままで、黒くならない。今度は本体をかじってみると、シャキッとジューシーで、甘み、旨みが感じられた。なんと、トウ立ちして花が咲いたあとのスカスカ状態でも繊維が硬くならずにおいしく食べられるという。

クズ茶を直接すき込む

吉川さんも当初はお茶に鉄を反応させた鉄ミネラル液を作っていたが、今はちょっと違うやり方をしている。京都の産地からクズ茶（機械の掃除などで大量に出る）を引き取り、耕耘前に10a当たり軽トラ1台分をまいて、そのまますき込むだけ。また、数年に1回完熟堆肥も入れるが、チッソ系の肥料はゼロだ。

カナケの多い川砂が堆積した土地だから、土にはすでに鉄分が十分含まれている。しかし、それらは水に溶けない酸化鉄の状態。吸収されないし、何を育てても生育が遅い、やっかいな土と水だという。そんな土地では、タンニン素材となる粉状のクズ茶をすき込むだけで、土中の鉄と反応して雨とともに動きだし、ゴボウに吸われるようになる（畑によっては生育阻害を起こすので注意）。

さらにもう一つ、吉川さんも不思議に思う変化が起きている。連作を嫌がるゴボウでも、問題なく連作できるようになったことだ。

「理由はわからんけど、トレンチャーで1m20㎝の深さに掘って、茶葉も空気もたっぷり入れとる。微生物環境がようなったんやろな」

吉川さんの使うクズ茶。京都の抹茶工場から毎年軽トラ3～4台分を引き取る

鉄茶で生育がよくなる、収量がアップ

レタスのサイズが倍、スイカの糖度もアップ

鉄ミネラル液で野菜はここまで変わる！

兵庫県豊岡市●由良 大

鉄ミネラル液を散布したレタス（右）と散布していないレタス。品種は同じ「グレートレーク」で、栽培管理も鉄ミネラル液以外は同じ。どちらも外葉を2枚ほどむいた状態

飲食関係の企業で、野菜をはじめとした食材を購入する側の仕事を18年ほどしていましたが、7年前に農地所有適格法人「㈱Teams」の代表に誘われて入社。現在は数十種類の野菜を露地で約4ha、ビニールハウス16棟で栽培し、地元の豊岡市内や京阪神の飲食店、小売店や代理店に出荷する他、ネットでの販売もしています。

実家は農家なので個人所有する農地もあり、趣味も兼ねてですが、さまざまな希少野菜や西洋野菜を試験栽培し、採種までしています。

レタスに散布、明らかな手応えがあった

『現代農業』2019年10月号でも紹介された「鉄ミネラル液」（お茶のタンニンで釘などの鉄を溶かし出した液）を活用し始めたのは2年前。知人の紹介で、京都大学の野中鉄也先生（68ページ）と出会ったことが始まりでした。

野菜の栽培でチッソ・リン酸・カリ

2018年、赤ネギのウネ間に鉄ミネラル液を散布したところ、雑草が旺盛に生えてきてしまった。鉄は植物全般の生育をよくするので、注意が必要

の他に微量要素の果たす役割が大切だということは以前から意識しており、ホウ素や木酢液の散布などを試していました。鉄について強く意識したことはありませんでしたが、野中先生による鉄ミネラル液のお話は大変具体的で興味深い内容だったため、さっそく試してみることにしました。

一番初めは、自分の畑で育てる結球レタスで試してみました。生育過程で一部のウネだけ葉面散布したところ、未使用のウネのレタスと比較して倍以上の大きさになりました。葉も肉厚ですが、軟らかくて食味もよくなりました。

㈱Teamsで育てる赤ネギ（一番左）などのカラフル野菜。鉄ミネラル液で発色がよくなるか検討したい

明らかな手応えがあったためにおもしろくなり、次は会社で育てる葉ネギ（赤ネギ）の定植後に、ウネ間へとジョウロで散布してみました。しかし、こちらは散布したウネ間だけ雑草が異常に生育してしまい、野中先生にも「株元に散布すればよかった」と、ご意見をいただきました。その後、収穫前に葉面散布してみたところ、散布しないものよりもコクがあり、まろやかな食味のネギになりました。

道の駅に出荷するスイカでは、先生の助言どおり収穫の１週間前に噴霧器で葉面散布しました。平均糖度が12度前後の中、２０１８年に鉄ミネラル液を散布したスイカの糖度は12・７度と出荷者中でダントツ。嬉しいことに購入していただいたお客様からの評価も高く、「あの時の甘いスイカはないのか」と、再購入の問い合わせが入るほどでした（２０１９年の糖度は13・４度）。

オクラの生育がみるみる回復

２０１９年は、ハウスで促成栽培するオクラに使用。施肥体系の同じハウスが２棟あるのですが、そのうちの１棟が初期に害虫にやられて生育が大きく遅れてしまったため、その１棟だけ株元に原液を一度、散布しました。初めはあまり変化がなかったのですが、散布後半月を過ぎた頃から、鉄ミネラル液を散布した棟のオクラの樹勢が明らかに増してきて、ひと月もするともう１棟の生育を追い越しました。

品種は兵庫県豊岡市の在来種「八代《やしろ》オクラ」です。一般的なオクラの３倍もある大型のオクラで、通常は10本に１本ほど、筋張って食べられない莢が発生します。しかし、鉄ミネラル液を散布した棟ではそれがほとんどなく、もう１棟と比べて廃棄がとても少なく

ネギ畑で鉄ミネラル液を散布する筆者（46歳）。ジョウロや噴霧器で散布する。20ℓポリタンク1個で1 ～ 2aに散布できる。筆者の「鉄ミネラル液」の作り方は50ページ参照

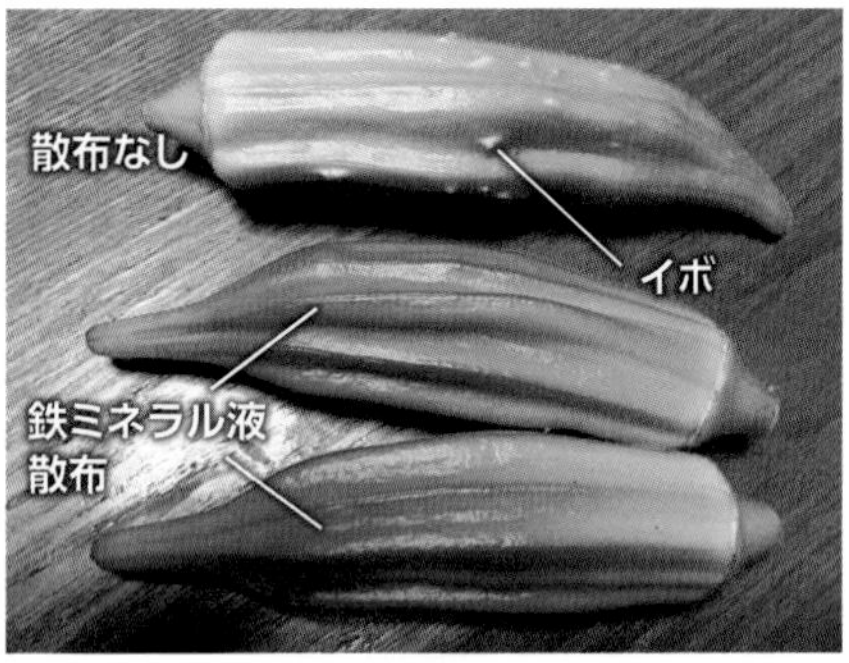

上はイボが出てしまった八代オクラ。鉄ミネラル液を散布したオクラ（下）ではほとんどイボの発生はなかった

自慢のネギをガブリとかじる。鉄ミネラル液が効いた野菜は生で食べてもイヤな辛みがない

すみました。また、さまざまな要因で発生する莢のイボもほとんどなく、見た目のいいものを出荷できました。

土中の鉄を植物が使える形に

野中先生には何度か畑までお越しいただき、鉄ミネラル液の働きについてお話をうかがいました。

私が野菜を栽培している圃場の半分以上が、神鍋火山の火山灰土壌、いわゆる黒ボク土で、もともと鉄をはじめとしたミネラル分が多く含まれると考えられます。しかし、それらの多くは野菜が吸収できない酸化鉄の状態だそうです。一方、鉄ミネラル液中の鉄は、お茶のタンニンとくっついた状態で水に溶け、植物が吸収しやすくなっています。吸収された鉄は葉緑素の材料となり、光合成を活発化させ、その結果、野菜の養分が増して食味も増す……なるほど、わかりやすい。

そんなお話を聞きながら、その場で鉄ミネラル液を散布したネギを抜いて生で食べると、控えめな辛みとそれに増す旨みが実感できました。

他の野菜と差別化できる

これまでも栽培方法にはこだわりを持っていましたが、鉄ミネラル液の活用は手軽で取り組みやすく、栽培方法の一つとして取り入れれば、さらに作物栽培の可能性が広がると思います。

例えば、安全安心が当たり前になった現在、食材の「機能性」に注目が集まってきています。健康志向や健康意識の高い消費者の方、そして現在お取り引きしているお客様に「鉄ミネラル野菜」を提案すれば、他の野菜と差別化できると考えています。

鉄ミネラル液を使用した野菜が持つのは、新たに作り出された旨みではなく、健全な野菜が本来持つ食味や食感が出てきたものだと解釈しています。おいしいと感じることで幸福感を得られる、体にも心にも優しい野菜。そうした、自然で本物の野菜に近づくのだと思います。

現在は、売り出し中の新品種のネギに株元散布し、変化を確認しているところです。また、赤ネギやカラフルニンジンなど、発色のよさが必要とされる野菜も栽培していますので、それらの栽培にも試していきたいと考えています。

タンニン鉄作りに使った鉄釘（使用後に放置して錆びた）と、収穫したキュウリ（依田賢吾撮影、以下Y）

黒ボク土で激変！

側枝がどんどん出て、キュウリの収量が３割増

茨城県八千代町●青谷悟志

キュウリの味と収量を上げるには？

茨城県の八千代町でキュウリを栽培しています。１年前に父が他界し、ハウス４棟あわせて40ａを受け継ぎ、母と２人で年６作をなんとか回しています。農事組合法人・八千代産直に所属し、主な出荷先は生活協同組合パルシステムです。

父の作業を手伝っていた頃から、キュウリのおいしさと収量を同時に上げる方法がないかと考えていました。そんななか２０２０年１月号の鉄特集を読んで、レタスやオクラの味がよくなり、スイカの糖度がアップしたという兵庫の由良大さん（32、43ページ）や、キュウリの成り疲れから回復した群馬の加藤安雄さんの事例を知り、「これは私の求めていたものだ」と思い、さっそく試してみました。

リン酸も苦土も過剰になっていた

準備したものは鉄釘14本、緑茶のティーバッグ３個、20ℓのポリタンクと水です。すべて新しく購入しても１５００円以下。これらをタンクに入れて、完成まで１週間待ちました。費用も労力もかからず、これで本当に成果が出るのだろうかと半信半疑でしたが……。

タンニン鉄の散布は初めてなので、本格的に始める前に段階を踏んで実験しました。初回はタンニン鉄を投入し

筆者（34歳）

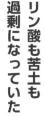

ても作物の生育に問題が生じないことの確認。2回目は圃場を変え、かつ少し規模を大きくしてタンニン鉄あり・なしで何が起きるのかを比較するのを目的とします。

実験にあたり心配したことがあります。2018年末から定期的に土壌診断をしていますが、すべての圃場で可給態リン酸が過剰であり（最低でも300mg／100g以上）、一部の圃場では苦土も過剰を示してます。関東ローム層の典型的な黒ボク土です。これが今回の実験にどう影響を与えるのか不明。単純に考えるとリン酸と鉄が結合して根に吸収されにくくなるため、まったく変化が起こらない可能性もあると思いました。

1月14日定植のハウス、2月13日の様子。平均的な草丈は90cmと初期生育が遅い。撮影時には気づかなかったが節間は短いように見える

右と同じハウスのタンニン鉄なし（水道水）のウネの株。平均的な草丈は135cmとかなり高い

タンニン鉄をまくと初期生育が遅れるみたい

初回の実験は定植直後の苗50本の株元にジョウロでタンニン鉄原液20ℓをかん水しました。そのうちの苗10本には1週間おきに合計8回タンニン鉄を補給。原液をまいて1週目から生長に差が出て、明らかに鉄なしのほうが樹の伸びがよく、実験8回目までの間で樹の伸びは最大で30cmの差がありました。タンニン鉄1回補給も8回補給も、鉄なしと比べて樹の伸びが遅れる経過が見られました。

初期生育に変化が出たのは驚きでしたが、それ以外に大きな問題はなさそうです。生長に差が出たのは濃度（量）に関係すると思われるので、次回の実験では散布量を減らして、生育差を多少小さくしたいと考えました。あまりに差が大きいと作業の上で不都合が生じるためです。

子づる、孫づるが多く発生、収量は3割増

2回目の実験は、タンニン鉄ありなしでどのような差が生まれるのか本格的に確認するため、約400株に対してタンニン鉄原液20ℓ（水で10～20倍に薄めてジョウロで補給）と水道水のみの約400株で比較しました。定植およびタンニン鉄補給は1月14日。その後は、農薬散布時に1000倍程度でごく薄くタンニン鉄補給を続けました（計8回、全面積で原液1・8ℓ分）。

2月13日の時点で平均的な樹の高さはタンニン鉄ありは90cm、なし（水道水のみ）は135cmほどでした。初期生育に差が出ることはわかっていましたが、補給量を減らしたにもかかわら

キュウリの側枝発生状況のまとめ

2020年２月27日晴れ

タンニン鉄ありのほうが側枝の発生率が高い。葉数も多くて葉面積が確保されたためか、生育も良好

＊側枝発生数はつる上げした物を１と数え、その合計数を記載
＊ウネ１～５、７～14の品種は「ゆうみ」。ウネ６の品種のみ「極光」。品種特性で「ゆうみ」より側枝の発生が多い

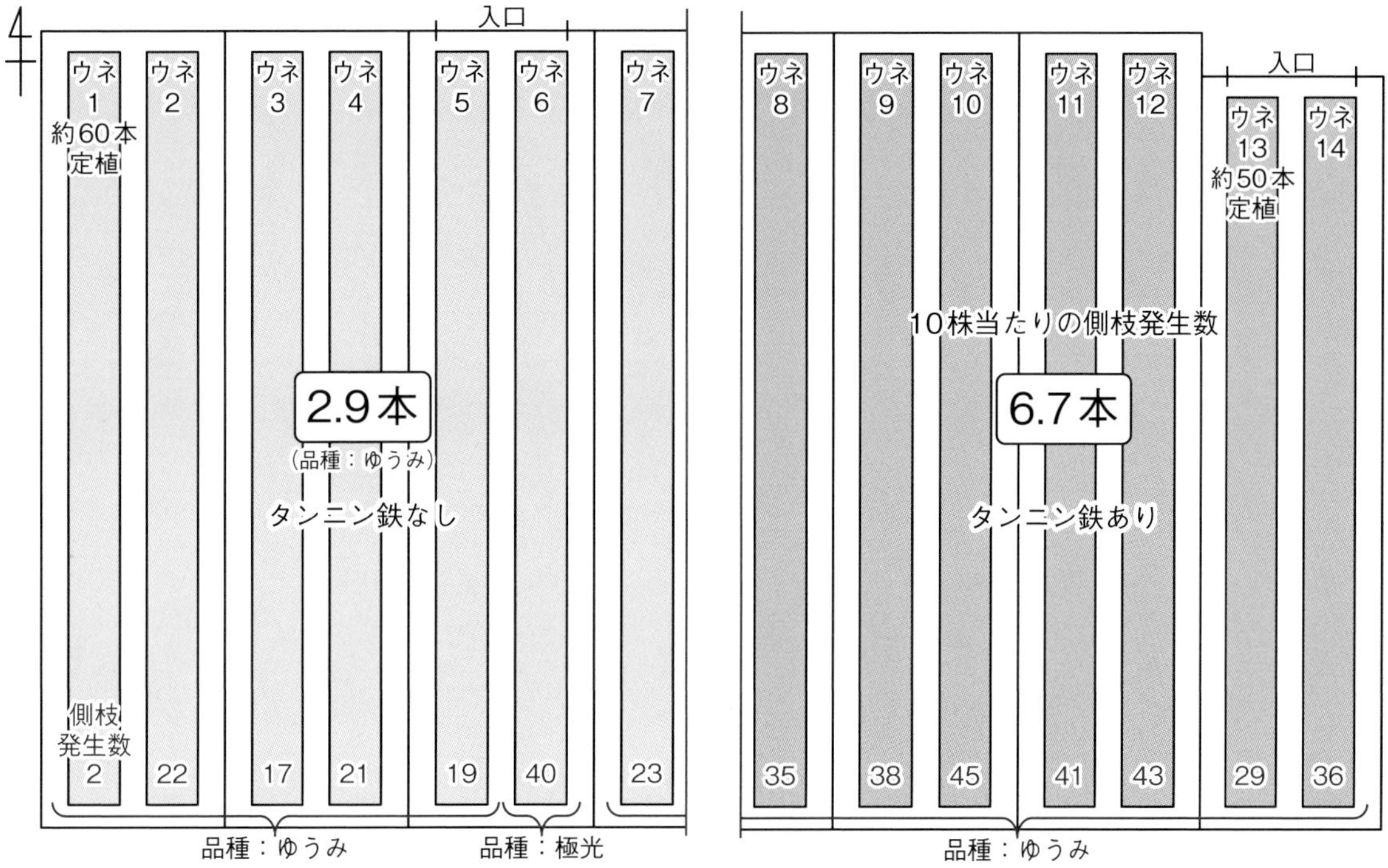

土壌診断の結果

ばらつきはあるが、全体的に鉄ありのほうが数値が低く、肥料が吸収されたことがわかる。数値の変化がないのはカリのみ

＊塩基飽和度はCEC 37meq/100gとして計算
＊ウネNo.は上のつる発生の比較図に準じる
＊ウネ１は子づる、孫づるの発生が一番悪かったため、作の途中（４月上旬）でタンニン鉄を施用した。溜まった石灰や苦土が有効活用できていない

	途中で鉄	鉄なし			鉄あり				黒ボク土の基準値	単位
	ウネ１	ウネ３	ウネ５	平均	ウネ10	ウネ12	ウネ14	平均		
pH(KCl)	6.46	6.11	6.15	6.13	5.98	6.17	6.18	6.11	6.0～6.5	−
EC	0.78	0.9	0.99	0.95	0.61	0.9	0.48	0.66	0.3～0.8	mS/cm
石灰	654	606	625	616	547	435	393	458	350～550	mg/100g
苦土	253	225	226	226	176	186	164	175	35～60	mg/100g
カリ	138	149	137	143	142	143	140	142	20～40	mg/100g
塩基飽和度	105	97	99	98	85	75	68	76	60～90	%
リン酸	397	445	422	434	373	419	388	393	10～100	mg/100g

作が終わったあとの根の様子

タンニン鉄なし

全体的に根張りが浅かった

タンニン鉄あり

主根が長く、深く張っていた。数年前から土壌消毒をしておらず、ネコブセンチュウの害がみられる

ず、前回よりも生育差が大きく出たのは予想外でした。この時点でタンニン鉄なしはキュウリの収穫が開始されたのに対して、タンニン鉄ありはまだ収穫可能な状態に至っておらず、「失敗したか!?」とうろたえました。

ところが、2週間後の2月27日。つり上げ栽培のため側枝をつり上げてみると、どうもタンニン鉄ありのほうが子づるの発生が多いことに気づきました。子づるを数えてみた結果を前ページの図にまとめました。予想しなかったところに変化が出て、比較実験がおもしろくなってきました。

その後もタンニン鉄ありは子づる、孫づるの発生がよく、摘心作業に追われました。対してタンニン鉄なしは、そもそも子づるの発生すら悪い樹もあり、比例してキュウリの収量にも大きく影響しました。

結果として、収量は常にタンニン鉄ありのほうが全期間で優位を保ちました。とくに晴れた日の翌日の収量に顕著な差があり、1株当たりの収穫本数で比較するなら3割以上の差が出たと思います（私の平均反収は冬春作11～12t、夏秋作4t程度）。タンニン鉄なしは節数が稼げないのが最後まで足を引っ張り、どうしても収量が増えないままでした。

石灰、苦土、リン酸がしっかり吸われていた

まだまだ収穫は可能でしたが秀品率が下がっていることから、その作は6月下旬で終わらせました。そこで今度は根の様子を確認しました。比較すると全体的にタンニン鉄ありのほうが主根が太く、長くなる傾向が見られました。初期生育が遅れたのは、鉄を供給したため地上部より根の生長が優先されたからかもしれません。

また、土中でどのような変化が起きたのかを確認するため、複数のウネで土壌診断をしました。前ページの表を見ると、タンニン鉄ありのほうが土壌の養分をよく吸っていることがわかります。とくにEC、石灰、苦土に関して、タンニン鉄ありのほうがなしに比べて2～3割低い数値が確認されました。心配していたリン酸もしっかり吸われ、1割程度低い数値となりました。

購入費用、作業時間、収量を考え合わせると、タンニン鉄は費用対効果がかなり高いと感じます。しかしまだまだわからないことも多く、今後も実験を続けていこうと思います。

次回は、①定植後にジョウロで1本ずつ株元に補給した場合、②土づくりの時点で補給した場合、③定植前のポット苗の時点で補給した場合、で生育を比較する予定です。仮に育苗時の補給でも生育がよければ、大きな圃場でのタンニン鉄補給の労力軽減が見込めます。土壌診断も継続し、石灰や苦土、リン酸の吸われ具合に注目していこうと思います。

6月25日、タンニン鉄を使用した最盛期のキュウリ（今回の実験とは別の4月2日定植の圃場）。側枝や巻きひげの勢いもよい（Y）

鉄汁&えひめAIで

インゲンやナスが鈴なり

新潟県十日町市●小宮山　清

鈴なり状態のジャンボインゲン。収穫が追いつかないほど

収穫に追われ嬉しい悲鳴

1月号にジャガイモ（キタカムイ）を廃菌床の発酵熱で発芽させて、直売所に一番早出しする話を紹介させてもらいました。今年も無事、6月15日に掘って、コロナ休校明けの学校給食に出しました。元肥にカルシウムをたっぷり入れ、植え穴に「鉄汁」（鉄ミネラル液）を入れたおかげで、子どもたちの骨にいいおいしいジャガイモに育ったと思います。

鉄汁は今年の1月号を見て、これだ！　と思い、合計120ℓ作りました。以前から愛用しているえひめAIと一緒に100倍に薄めて、いろんな野菜の植え穴に1ℓずつかん注。その後、生育中に2回、自作のかん注器を使って株元に注入しています。

これが驚くような効果でした。例えば、ナス（梵天丸）は12年前からつくっていますが、今年はいつもの倍くらいとれました。インゲンも豊作で、文字通りの「鈴なり」です。こんなことは初めて。収穫が追いつかず、嬉しい悲鳴を上げています。

今年は6月以降、決して天候に恵まれているわけでもなく、やはり鉄汁の効果としか考えられません。紹介してくれた農家には感謝感謝です。

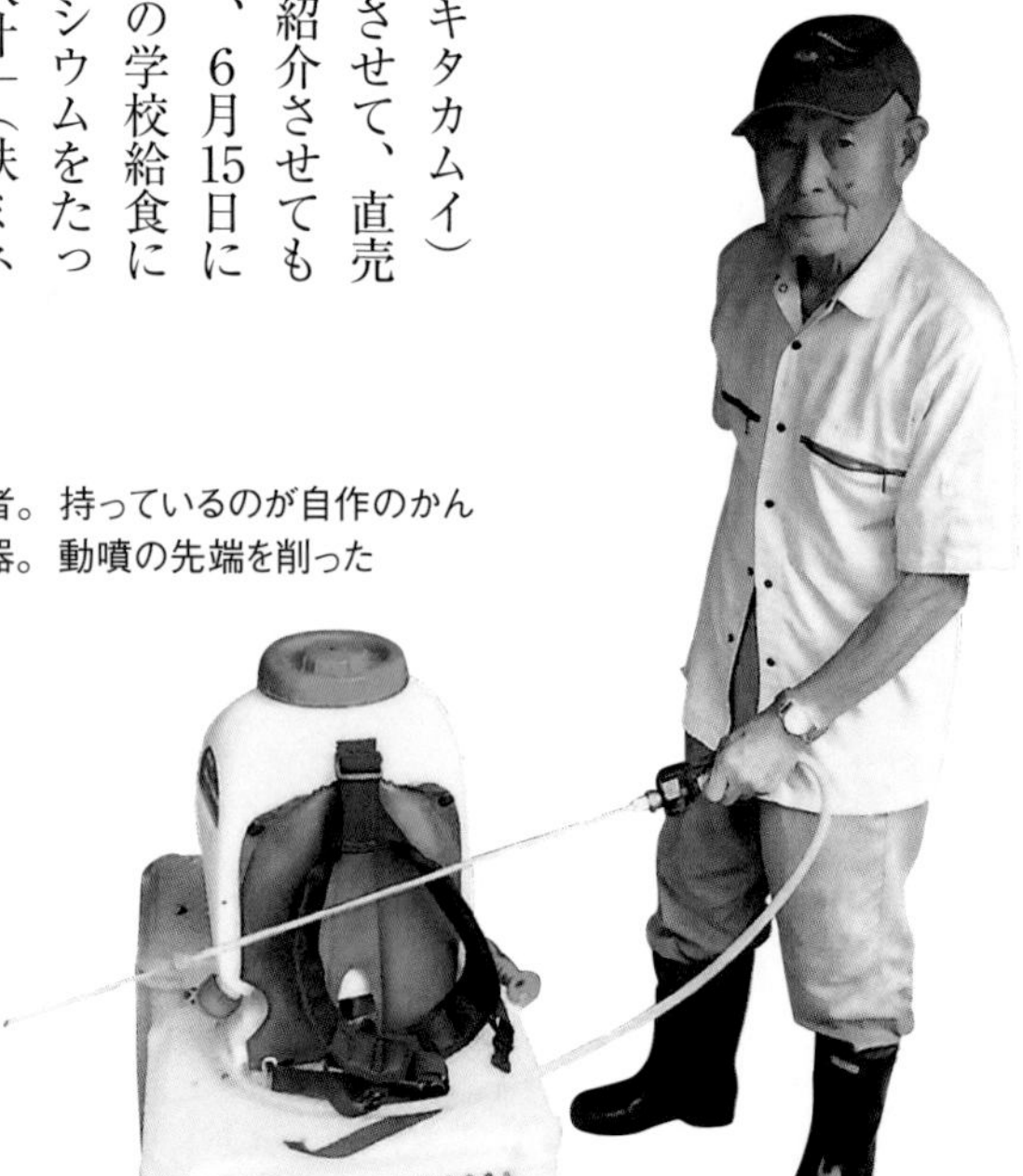

筆者。持っているのが自作のかん注器。動噴の先端を削った

リン酸吸収係数が激減

無施肥で大玉のタマネギがとれた

埼玉県春日部市●板倉大和

鉄茶をまいた圃場で収穫したタマネギ。無施肥でも600gを超え、子どもの顔ほどの大きさのものもあった

一昨年より春日部市で法人㈱いた倉）として新規就農しています。

当社の圃場は関東ローム層にあり、植物質や微生物、チッソが極端に少ない土壌です。火山灰土（淡色黒ボク土）のためリン酸の土壌固定も非常に強く、野菜になかなか吸収されません。

今回タマネギを栽培したのは、トウモロコシを収穫してから1年ほど寝かせた圃場です。タマネギを播種するまでに、圃場に鉄茶（タンニン鉄）を4カ月に1回まいて、雑草が旺盛に出たら緑肥としてトラクタですき込むことを、計3回行なっていました。その後太陽熱処理をし、ウネを立てて播種しました。

初期生育はゆっくりでしたが、3月下旬から急に葉が伸びて生育旺盛になりました。その後1回鉄茶をまくと、タマネギが急激に肥大し始め、追肥も必要ありませんでした。

収穫後に土壌診断をすると、信じられないような結果が出ました。可給態リン酸が減って、リン酸吸収係数も大

土壌診断の結果

分析項目	散布前	収穫後	適正値	単位
pH	6.6	6.5	5.5～7.0	—
CEC	22	21	15～25	meg /100g
石灰	320	350	—	mg /100g
苦土	60	52	—	mg /100g
カリ	100	82	—	mg /100g
石灰飽和度	51	59	40～60	%
苦土飽和度	13	12	10～15	%
カリ飽和度	9.6	8.2	5～8	%
塩基飽和度	75	80	60～80	%
可給態リン酸	22	9.9	20～50	mg /100g
リン酸吸収係数	1840	1210	—	mg /100g
アンモニア態チッソ	1.8	0.4	3以下	mg /100g
硝酸態チッソ	0.5	1.5	3～10	mg /100g
可給態チッソ	1.7	1.7	5以上	mg /100g
全チッソ	261	278	300以上	mg /100g
全炭素	2810	3063	3000以上	mg /100g
C/N比	10.8	11	10～12	—

タンニン鉄散布前（2019年10月21日）と、収穫後（2021年6月29日）の土を、それぞれ5カ所からとって土壌診断した。リン酸吸収係数は黒ボク土の条件である1500を下回った

鉄茶をまいて肥大してきたタマネギ。
雑草の勢いもよくなる

幅に減っていたのです。もはや黒ボク土とはいえないレベル……。

鉄茶のタンニンが鉄やアルミニウムの多い火山灰土に何らかの作用を及ぼし、リン酸が効きやすい土壌に変えたのではと考えています。

火山灰土の高原圃場で、糖度17度のスイカ

兵庫県豊岡市●由良 大

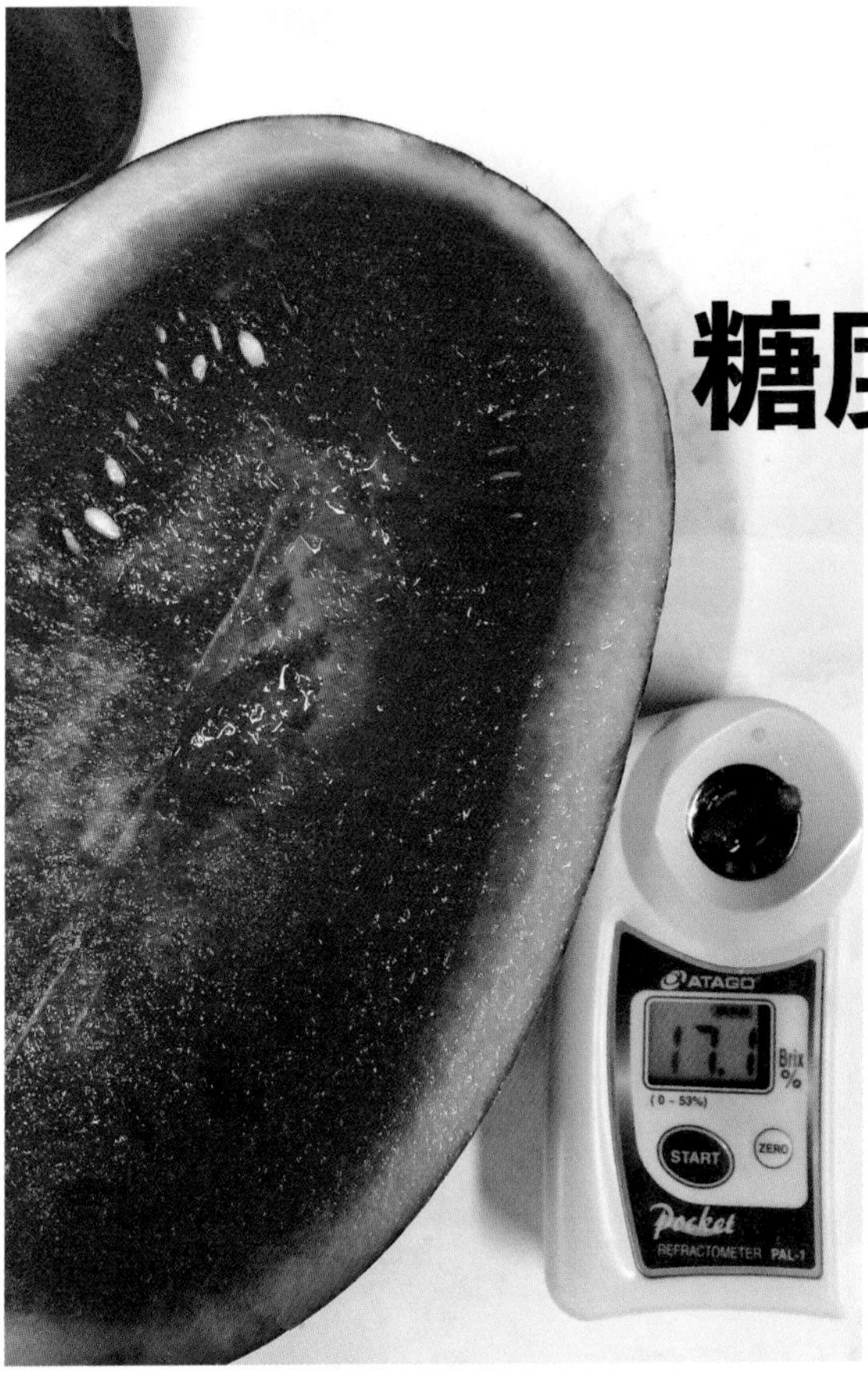

小玉スイカ「シャリっ娘」は糖度17.1度を記録。もう一品種の小玉スイカ「姫甘泉（ひめかんせん）ブラック」も16.8度まで上がった

リン酸固定量の多い火山灰土で

私は兵庫県豊岡市の農地所有適格法人㈱Ｔｅａｍｓで、野菜を栽培しています。『現代農業』２０２０年１月号でも、鉄ミネラル液を用いた野菜の栽培方法についてご紹介しました。

私たちの畑のうち、神鍋高原に位置する圃場の土は、ほぼすべてが火山灰土（黒ボク土）です。一般的に黒ボク土はリン酸吸収係数（１００gの土が固定するリン酸のmg数）が２０００以上といわれているので、10ａの圃場で60ｔの作土とすると、１２００kg以上のリン酸が固定されてしまう計算になります。そのため、とくに果菜類の追肥時には、他の場所にある圃場よりもリン酸肥料を多めに施用しています。

こうした土地での野菜栽培で、京都大学の野中先生のご指導のもと、鉄ミネラル液を活用するようになり3年目になります。今年はスイカ、トウモロコシ、イチゴ、ケール、ネギなど、幅広い作目に施用して、変化と効果を試験しています。

ネギに鉄ミネラル液を散布する筆者。㈱Teamsでは、露地約4ha、ハウス16棟で数十種類の野菜を栽培。出荷先は飲食店や小売店、ネット販売など

筆者の鉄ミネラル液の作り方

20ℓポリタンク。外から色の変化がわかるよう、白いタンクを使う

材料

1～2ℓ用の水出し緑茶パック3つほどと長めの釘を10本前後、水と一緒に20ℓのポリタンクに入れ、約5日で完成。常時5つのタンクで液を作り、ストックしている。散布時はかん水も葉面散布も原液で使用する

スイカの糖度が17度超え

果菜類では、基本的に収穫の10日前を目安に、噴霧器で10a当たり100ℓほど原液で一度だけ葉面散布することで、糖度を上げることに成功しています。

とくに、直販や道の駅出荷用の小玉スイカでは、今年最高糖度17度超えを記録（道の駅出荷者の平均糖度は12度前後）。野中先生にも贈り、絶賛していただきました。

スイカは8果どりの想定で疎植にし、子づるの4本仕立てで栽培します。孫づるは残して、すべての葉が最大限に日光を受けられるように誘引し、その状態で鉄ミネラル液を散布しました。圃場にぎっしり展開した葉が活発に光合成し、栄養分を果実に蓄えて糖度を上げる……という想定です。

野菜（商品）のよさや、他との違いを一般の個人消費者に説明する際には、「甘い」や「高糖度」という言葉は非常に伝わりやすく、差別化を図る上でとても重宝します。

味のバランスがいいイチゴ

ただし、もう一方の大きな取り引き

鉄ミネラル液散布時のスイカ。葉っぱで地面が完全に覆われている

先である飲食店などには、ただ「甘い」だけの野菜では、高く評価してもらえません。味のバランスや個性など、甘さ以外の面が求められます。作目にもよりますが、鉄ミネラル液にはそうした「こだわりの味」を生み出す効果もあるようです。

ハウスで土耕・半促成栽培し、都市部の飲食店などへ発送するイチゴ「桃《とう》薫《くん》」では、市販の微生物資材と鉄ミネラル液で比較試験を実施。両者を開花時期に散布してみたところ（鉄ミネラル液は10a約100ℓ）、微生物資材を施用した実のほうが高糖度に仕上がりました。しかし、イチゴのおいしさには「酸味」も大切です。理由はわかりませんが、鉄ミネラル液を施用したイチゴのほうが、はっきりした酸味のあるバランスのいい味となり、取り引き先からも高評価をいただきました。

鉄ミネラル液を与えたイチゴは、花托もしっかりとしていて、都市部に輸送する際の傷みの心配も軽減されました。実際、昨年までは到着後のイチゴの傷みが頻繁に報告されており、発送での販売をやめようかと考えていましたが、今年はクレームは一切ありませんでした。これも鉄ミネラル液の「細胞壁を強くする」効果のおかげかもしれません。

ケールの収穫が10日早まった

葉菜類では、ケールの生育スピードで差が出ました。定植直後に一度だけ、10a100ℓほど葉面散布したところ、他のエリアに比べて旺盛に生育し、10日ほど収穫開始を早めることができました。

また、ケールの販売先の中心は東京都の飲食店ですが、仲卸を経由するので、お店に届くまで最低でも2日以上かかります。しかも、私たちのケールは、株元ではなく葉柄から切り取って収穫する。したがって、一番気になるのが鮮度維持です。

しかし、取り引き先によると「冷蔵保存なら、黄変せずに1週間程度は持つ」とのことで、棚持ちに関しても高評価をいただいています。

今後は微生物資材との併用や、施用するタイミングや量、そして回数を、土壌や天候、作物の種類や生育状況に合わせて調整し、収穫時期に野菜を最高の状態にできるよう、試験していこうと考えています。

ハウスで栽培するケール。鉄ミネラル液を散布したほう（右側）が明らかに生育が早い

連作して3年目のニンニク。タンニン鉄を散布し、さび病が出なくなって2年目

タンニン鉄で
ピーマンの甘さがアップ、ニンニクのさび病も出ない

宮城県仙台市●小野寺 潔

『現代農業』2020年1月号「野菜には茶葉でタンニン鉄」コーナーを読み、「タンニン鉄で野菜の食味が向上する」という点に注目しました。インショップでは自分の名前を貼った野菜を販売するので、タンニン鉄栽培で食味が向上すれば、他と差別化できるのではと思ったからです。

定植前に圃場に散布、株元にも最低1回

タンニン鉄は、京都府の新谷太一さんの作り方（18ページ）を読み返して参考にしています。500ℓのタンクに茶葉5kg、鉄材は鋳物を切削加工したときに出る廃材を入れています。私の住む地域はお茶の産地ではないため地元ではクズ茶を入手できず、静岡の製茶工場さんに分けてもらいました。

タンニン鉄は、播種・定植前に圃場全面に原液で、大きい圃場の場合は3倍希釈で散布しています。その後は作物にもよりますが、どの野菜でも株元散布を最低1回は行ないます。

こんなにおいしいピーマンは初めて

2020年はピーマンの定植直後にジョウロで株元散布した後、3倍希釈のものを月に2回ずつ、計5回ほどかん水チューブで散布しました。

収穫したピーマンは前年と比べて大きくなり、エグ味が消えて甘さが増しました。食べてもらった近所の方々からも「ピーマン嫌いの娘が食べた」

タンニン鉄で病気に強くなる!?

まとめ：編集部

鉄をはじめとしたミネラルは土中の微生物のエサとなる。微生物は有機物を分解しながらどんどん増殖するが、タンニン鉄をやると放線菌などの細菌が殖える傾向があるようだ（29ページ）。放線菌はキチナーゼという酵素を出して糸状菌（カビ）の細胞壁を溶かす。糸状菌（さび病菌も含む）は病原菌の８割を占めるといわれ、その割合が下がると微生物相が安定し、作物は病気になりにくくなる。

タンニン鉄栽培のピーマン。肉厚で甘く、3個で400gを超えることもある

使用するタンニン鉄。クズ茶と鉄の廃材を水に入れて7日ほどで黒くなる

「こんなにおいしいピーマンは初めて」と評判でした。

インショップでもよく売れ、ほとんど毎回完売でした。さらに収穫期間も延び、例年と比べてちょうど1カ月長い、霜が降りる11月の初めまで収穫できました。

タンニン鉄がさび病を抑えた？

10aの畑でニンニクを3年間連作しています。初年は2割ほどでさび病が出ました。翌年は、収穫1カ月半ほど前から週に1回、3倍希釈でタンニン鉄を散布しました。すると他の農家がさび病に苦しむなか、私の圃場ではさび病がまったく出ませんでした。今年も被害はなく、タンニン鉄でさび病が抑えられたのではと考えています。

キュウリに病気が出ない

茶葉・鉄・水の三位一体効果!?

神奈川県相模原市●長田 操

感動ものの変化にビビッ

鉄ミネラル液との出会いは『現代農業』２０１９年10月号で、読んだ次の日にはさっそく試してみました。ただの水に鉄を入れても変化はなし。ただの水に茶葉を入れても薄いお茶になるだけ。しかし、茶葉と鉄と水の三者を合わせると、あら不思議。3～4日で真っ黒な液体に変わります。

この三位一体の変化を体験すると、これは何かあるに違いないと、ビビッときました。いや本当に、だまされたと思って試作してみてください。この変化は感動ものですよ。

最初は4ℓのペットボトルに作っていたのですが、倉庫にあった５００ℓタンクを引っ張り出し、大量生産を始めました。作り方はごく簡単。タンクに水を溜め、茶葉1kgと古釘、薪風呂の壊れたロストル（鋳物）を入れるだけです。ペットボトルで作るのと同じように、透明な水が数日でキレイな黒色に変化します。

キュウリに病気が出ない!?

できた鉄ミネラル液はいろいろな野菜に散布しています。原則原液で、ジョウロや背負い動噴で、株元または葉面散布をしています。

例えばキュウリには週に1回（計3回）、20本に計10ℓを株元散布しました。その効果か、今年は例年になく樹勢が強く、うどんこ病もべと病も発生せず、7月上旬現在、まだ農薬の散布はしていません。

味の違いはわかりませんが、もしかすると成分に変化があるのかもしれません。分析してみないとわかりませんが、しかし、茶葉・鉄・水の三位一体の変化を一度体験してしまうと、「まずは作って、使ってみよう!!」が、正解だと思います。

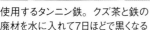

フルボ酸鉄で強化

ジャンボタニシに負けない竹パウダー苗

福岡県・西邦機工㈱●山下隆三

ジャンボタニシとショッキングピンクの卵（依田賢吾撮影）

竹パウダー「ラブバンブー」。西邦機工㈱製造の粉砕機で作られる

『現代農業』2016年4月号で紹介されたように、竹パウダーを苗箱の下層材として育てた苗は、ジャンボタニシの食害に強い特長がある。ただし、竹パウダーの利用だけでは、深水条件での食害について課題が残っていた。

私たちは九州大学名誉教授の近藤隆一郎先生、九州産業大学の佐野洋一先生と共同で、クヌギなどからフルボ酸を製造する技術や、その農産物への利用に関する研究を続けてきた。新たにフルボ酸でキレート化した二価鉄資材を開発し、19年に水稲苗の生育試験を実施した結果、より硬く、太く、早く生長することがわかった。

この成果を元に、昨年福岡県内の3軒の農家圃場で、ジャンボタニシの食害防止を目的とした圃場試験を実施。竹パウダー育苗の苗にフルボ酸鉄液を施用することで、深水条件でも食害が減ることがわかった。

フルボ酸鉄不使用&通常培土育苗区

ジャンボタニシの食害で欠株になっている

＊開発したフルボ酸鉄資材「作物のお友達」は、1ℓ入り約2万円で販売予定。問い合わせ先：西邦機工㈱アグリ事業部TEL 092-588-6216

フルボ酸鉄使用&竹パウダー育苗区

苗箱の下層土に竹パウダーを利用し、播種12日後にフルボ酸鉄資材を1000倍で箱当たり160mℓ葉面散布。田植え後、タニシの食害はほとんどなかった

第2章

タンニン鉄の作り方

茶葉の代わりに、青柿のタンニンと鉄を反応させて作ったタンニン鉄
（伊藤雄大撮影）

500ℓタンクにロータリ爪＋クズ茶　京都市●新谷太一さん

京都府内の産地からもらった廃棄茶葉（製茶機に詰まった粉状のもの）5kg分ほどを洗濯ネットなどに入れて容器内の水に浸す（依田賢吾撮影、以下Y）

鉄の供給源は使い古しのロータリ爪。500ℓタンクに10 ～ 15本入れる（Y）

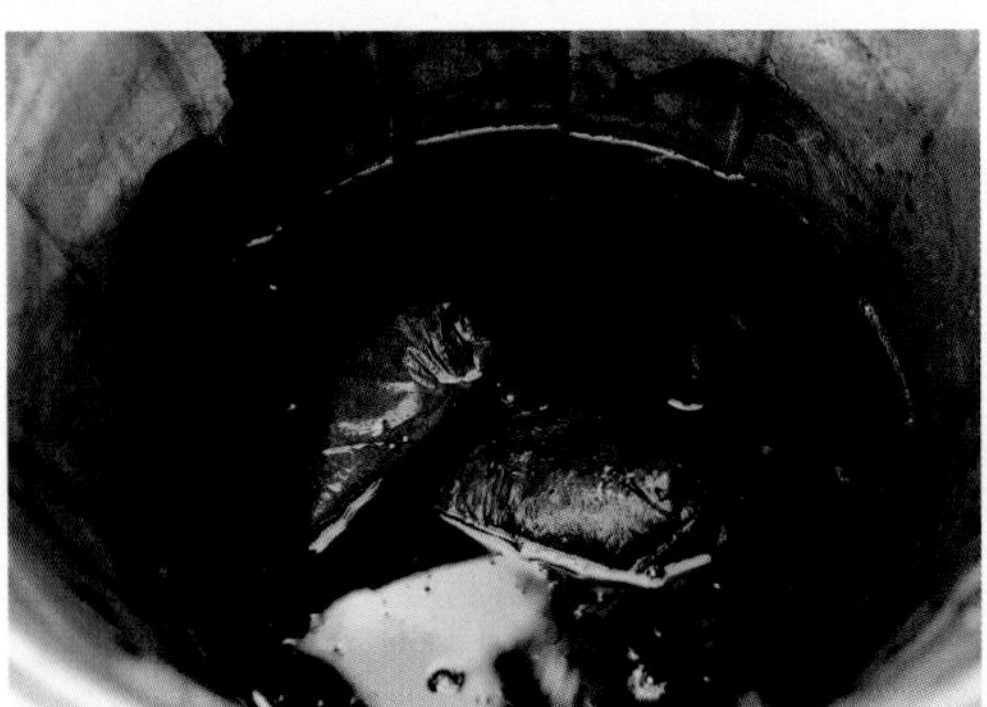

各畑の隅に容器を設置し、水に鉄とお茶パックを入れている。タンニン鉄ができて水の色が漆黒になる（Y）

重機の部品を使うことも。これなら500ℓタンクに1、2個入れれば十分（Y）

20ℓタンクに釘＋緑茶パック　兵庫県豊岡市●由良 大さん

鉄ミネラル液は20ℓのポリタンクで作製。仕込んで5日もすれば黒色の液に変化する。常時5つのタンクで液を作り、ストックしている（写真提供：由良大）

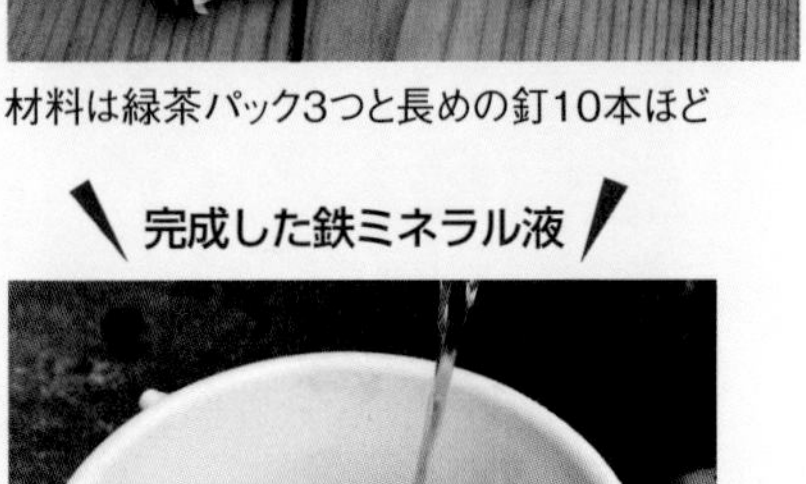

材料は緑茶パック3つと長めの釘10本ほど

完成した鉄ミネラル液

実験!

お茶に鉄を溶かしてみた

編集部

水出し茶に鉄を入れるだけで、作物に吸われやすいタンニン鉄ができる——。でも、それだけで本当に鉄が溶け出すのか？ロータリの爪を使って実験してみた。

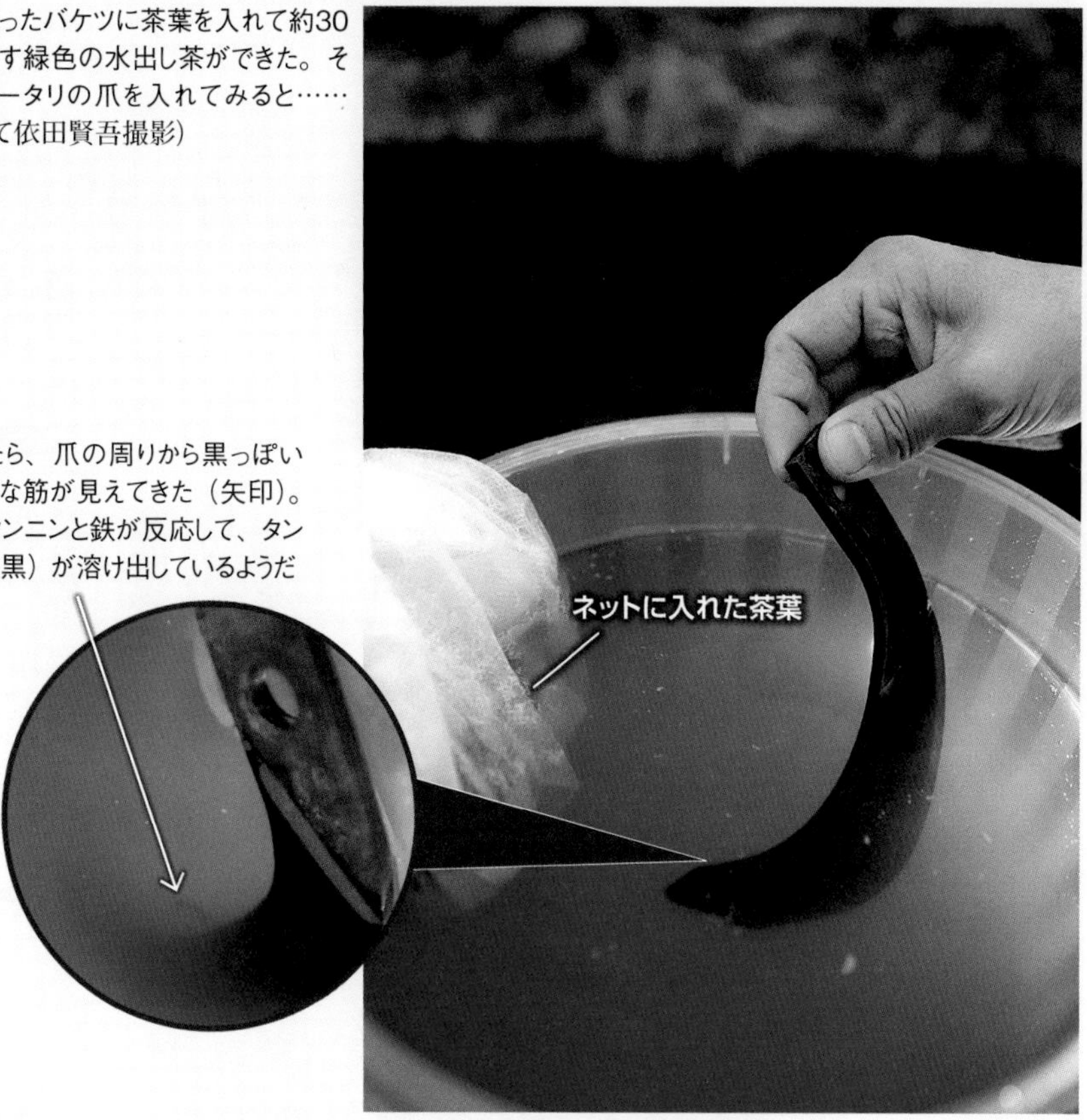

水を張ったバケツに茶葉を入れて約30分。うす緑色の水出し茶ができた。そこにロータリの爪を入れてみると……（すべて依田賢吾撮影）

数分したら、爪の周りから黒っぽい煙のような筋が見えてきた（矢印）。お茶のタンニンと鉄が反応して、タンニン鉄（黒）が溶け出しているようだ

2～3時間たってもお茶の色はそれほど変わらなかったが、一晩置いたら、かなり黒くなった。タンニン鉄がどんどん溶け出した模様。今回使ったロータリの爪はほとんど使わずに放置していたもの。塗装が剥げていなかったため、溶けるのに少し時間がかかったのかもしれない

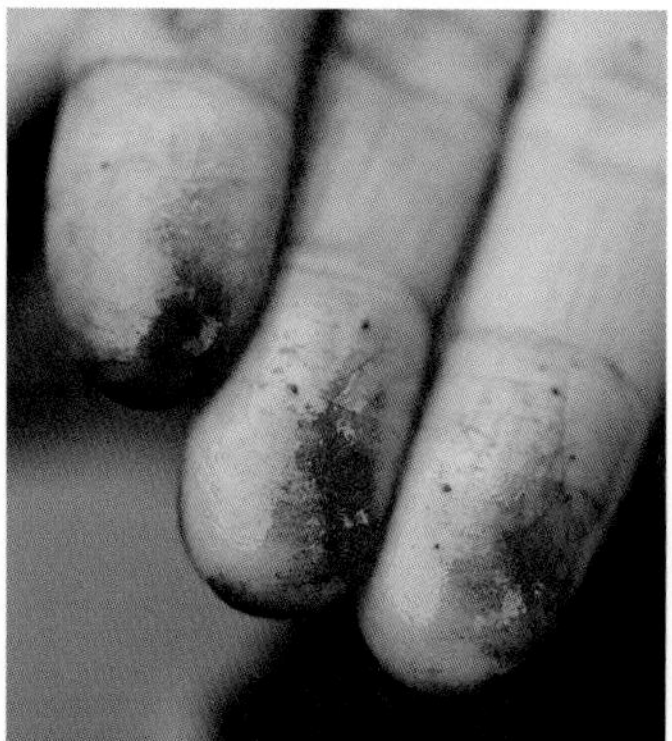

沈めておいた爪を触ると、黒いものが指についた。まったくザラつかずに滑らか。おそらくこれもタンニン鉄

鉄茶も噴霧

お茶粕入り牛糞堆肥が大人気

福井県越前市●佐々木隆嘉

幅6m、長さ30mのロータリ式発酵機。床からエアレーションしながら1～2カ月かけて攪拌し、堆肥を完成させる（写真提供：JA越前たけふ、以下も）

完成した堆肥

高校卒業と同時に北海道に渡り、牧場実習を経験。帰郷後、牛舎を新築した父の酪農経営に参加しました。乳牛を分娩させ、育成牛も育てる一貫経営です。2000年には堆肥センターを建て、野菜農家と年間契約するようになりました。50頭ほどの酪農と堆肥販売の二本立てによる家族経営でしたが、4年前、作業中の事故で経営を断念しました。

しかし、「堆肥作りはやめないでほしい」という野菜農家の要望を受け、酪農仲間から半生状態の糞尿混合堆肥を月40tもらって、堆肥センターのみ再開しました。

筆者（66歳）

「お茶入りの堆肥が欲しい」

私の堆肥の特徴は、お茶の製造会社から運ばれるお茶粕（出がらし）をふんだんに使っている点です。緑茶、ほうじ茶、豆茶、ハトムギ茶、ソバ茶、ウーロン茶の茶粕を混合したものを月5～10t（毎週搬入）使います。

その他、水分を見ながらモミガラを月10～20t、モミガラくん炭も60～100kg混ぜて、長さ30mのレーンの中でエアレーションして撹拌。1～2カ月かけて発酵堆肥を製造しています。

じつは堆肥センターを再開してからしばらく、お茶粕は少量しか使っていなかったのですが、お客さんから「あのお茶入りの堆肥が欲しい」といわれ、今年の1月に製造会社と再契約しました。

そんなときに、『現代農業』2020年1月号の鉄特集を読んで、タンニン鉄のことを知りました。私の堆肥に含まれるお茶のタンニンと土の中の鉄分が反応して、土が肥えてくれるのかもしれない。そういえば、昔はタンニンの素材となる草木を田畑に敷いてから鍬で耕したり、祖母がお茶の出がらしを畳に広げてホコリや汚れを吸着させてから、畑にまいていました。囲炉裏で鉄鍋や鉄瓶を使って煮炊きしていたのも、鉄分を取り入れる生活の知恵かもしれない。そんなことに気づかされました。

市内のお茶製造会社から運ばれるお茶粕（出がらし）。緑茶だけでなく、ほうじ茶、豆茶などが含まれる。月5～10t搬入される

鉄茶で昔のキュウリの味に

私もさっそく200ℓタンクの中に、お茶の出がらしを入れ、バーンクリーナー（糞尿の搬出機）のチェーンを鉄材として突っ込んで、鉄茶を作りました。堆肥のパワーアップを期待し、袋詰めする際にシャワーで堆肥にふりかけています。

このお茶粕入り堆肥は大変好評です。コロナの影響による家庭菜園人気もあり、春と秋に4000袋ほど出ていた10kg袋は5500袋ほどに増えそうです。

堆肥販売はダンプや軽トラでの引き取りが多いのですが、その際にサービスでペットボトル入りの鉄茶やモミガラくん炭を差し上げています。

「鉄茶を根元にまいたら、弱っている野菜がシャキッとしてきた」「昔じいちゃん、ばあちゃんがつくっていたキュウリの味になった」と感激するお客さんもおられます。

鉄茶作りが地域に広がる

興味を持たれた方には鉄茶の作り方も紹介しており、私の知る範囲で4人の方が自分で鉄茶を作り始めています。なかには堆肥センターにお茶粕が搬入されるたびに、鉄茶用としてバケツ1杯分を取りにくる方もいます。

先日は敦賀市からミカン農家が来られました。『現代農業』2019年10月号の「果樹の内側施肥」も参考にしながら、「うちの堆肥と鉄茶を樹冠の内側にまいておくとよさそうですよ。結果がわかったら教えてくださいね」とアドバイスしました。

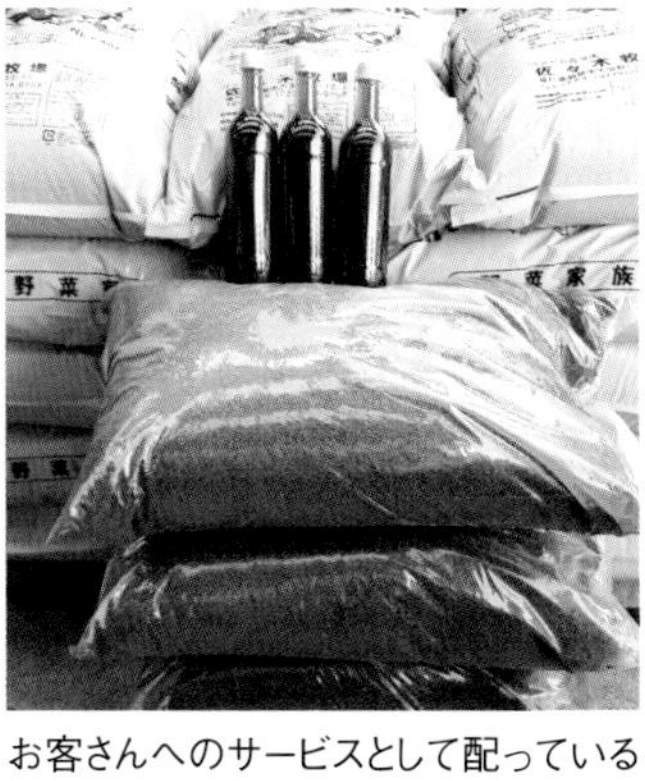

お客さんへのサービスとして配っている鉄茶ペットボトルや、モミガラくん炭。奥は袋詰めの堆肥（JAでも販売）

お茶粕で鉄茶を作る

200ℓタンクで鉄茶を作る。毎週搬入されるお茶粕（出がらし）をネットに入れて2～3日置いておく。鉄材はバーンクリーナーのチェーン。嫌気発酵した茶粕のニオイ消しとしてモミ酢も2ℓ入れる

堆肥製造に使うモミガラの一部はくん炭にする。『現代農業』2018年1月号を読んで、岐阜県の鵜飼逸美さんに連絡し、作り方を教えてもらった

堆肥に鉄茶をシャワー

袋詰め機に運ばれた堆肥に、鉄茶をシャワーする。この後10ℓ袋に袋詰めされる

野菜農家のお客さんのハウス。鉄茶を散布して食用ギクの葉色がよくなった

鉄茶を取り入れるようになって、野菜づくりや果樹栽培の話題でお客さんと情報交換する機会が増えました。今後も地域の農家の土づくりをお手伝いし、経営安定のお役に立てると嬉しいです。

山からとってきた渋柿の豆柿。タンニン濃度が高く柿渋作りに使われてきた（すべて伊藤雄大撮影）

筆者。潰した青柿（甘柿と豆柿）に、鉄と水を加えて2日目。タンニン鉄ですっかり真っ黒になった

3時間でできる！

渋柿・青柿でタンニン鉄

大阪府豊能町●工藤康博

うちの土も鉄不足かも

私は1946年生まれの団塊の世代で、65歳までサラリーマン生活をし、その後、庭で野菜づくりなどをして体力と健康の維持に努めています。

タンニン鉄については、『現代農業』2019年10月号で野菜などに与えると育ちがよくなると知りました。そこで、土壌にどれくらい鉄があればよいのか調べたところ、『現代農業』2003年10月号に基準値の表を見つけました。可吸態鉄は30〜500ppm。マグネシウムは150〜250ppmで、リン酸やカリウムの上限値も同程度でした。

私が野菜をつくる土壌は、地盤に真砂土を客土したものです。苦土、石灰、リン酸、カリは毎年施用していますが、鉄資材は補給したことがありません。可吸態鉄は、流亡したり野菜に吸収された

タンニン鉄の材料（撮影時）。青柿3kg（甘柿2kg、豆柿1kg）、鉄資材23.6kg（H鋼、ハンマー、アングル、ダンベル、釘、明珍火箸など）、水40ℓ

タンニンが出やすいようにカキをハンマーで潰す

水と鉄を入れる

タンニン鉄の変化。青柿を使うとたった3時間でほぼ真っ黒になることがわかった

りして、不足状態にあると判断し、タンニン鉄作りを始めました。

渋柿なら3時間で青黒くなる

タンニン素材としてはお茶でなく渋柿に注目しました。噛むと口中がしわくちゃになるほど渋いので、タンニン濃度はお茶よりずっと高いはず。まず9月末頃に山へ行き、100個くらい渋柿を集めました。

水槽は60ℓのものを用意しました。

鉄資材は、スクラップを電気炉で溶かして作った鉄筋棒などよりも、鉄鋼石、石灰岩、コークスを溶鉱炉に投入してできたもののほうが品質に優れていると思い、なかでも表面積の大きそうなH鋼と鉄板などを多めに用意しました。表面の錆びはサンダーで削り落としました。

水槽に水を張り、渋柿をハンマーで潰してグチャグチャにしたものを投入してかき混ぜ、鉄資材を投入。3時間ほどで水溶液が青黒くなりました。次の日にかき混ぜると黒くなり、10日目には黒い粒子状のものが漂い、タンニン鉄が完成したと思いました。

豆柿の木。樹皮が剥がれたところが真っ黒で、まるで酸化したタンニンでコーティングされているよう。キノコが生えて枯れ込むこともなく、元気

葉色も味も濃くなった

できたタンニン鉄をいろいろな作物に試してみました。

ダイコンの根元にまいたところ、葉色は濃くなり、味もよく大きく育ちました。

タマネギは11月の定植前に、タンニン鉄をウネ全体にまいてマルチをし、2月と3月のかん水時にも与えました。すると葉色が濃くなり玉太りもよく、5月末に大玉がたくさんとれました。硬くて締まりがよく、味も濃くおいしくできました。

トマト（桃太郎）には、4月に苗を植えるときに、ウネ全体と植え穴にピンポイントでまきました。20本植え、6月末には1段目が登熟。なかには570gが1個、490gが1個、330gが6個と、大きなトマトもとれました。味が濃く、ねっとりした食感です。6月末時点で7段目まで着花。順調に生育できたのは、タンニン鉄の効果だと思っています。

甘柿の青柿、茶、コーヒーでも

その後、家の甘柿（富有柿）もタンニン鉄作りに使ってみました。まだ青柿のものを噛むと、やはり渋みがありました（お茶より渋い）。そこでこれを30個くらいとり、豆柿10個とあわせ冷凍庫で凍結し、解凍しました。

秋のカキなら凍結すると組織が壊れてグチャグチャになり、潰す手間が省けます。ところが、青柿は硬く、凍結・解凍の効果がありません。仕方なくペンチで潰していたら汁が飛んで目に入ってきた。タンニンで目が大変なことになる！　とびっくりしましたが、目には渋さを感じるセンサーがないのか、なんともありませんでした。渋柿の汁をとってもう一度点眼して確かめようかと思いましたが、やっぱりやめました。

今後は青柿を冷凍保存して、年中作れるようにと考えています。

お茶やコーヒーに鉄ナスを入れる方法についても、タンニン鉄の出来具合を試しました。まず粉末茶0・5gをカップに入れてお湯を注いで一口飲み、カテキンの旨みと渋みを確認。そこへ鉄ナスを入れると約1分で味がまろやかになり、5分で色が黒くなりました。味も鉄くさくなりました。

インスタントコーヒーの粉末2gにもお湯を注ぎ、鉄ナスを入れました。やはり5分ほどで真っ黒になり、鉄くさくなり、鉄がポリフェノールに反応することがよく理解できました。

今は朝コーヒーを飲む時、全体の3分の2まで味わったあと、鉄ナスを入れて残りを飲んで鉄分をとっています。

できたタンニン鉄は水で5倍ほどに薄めて、ピーマンの株元に散布している

粉末茶に鉄ナスを浸して飲む。5分後には真っ黒になる

タンニン鉄用のカキ潰し器を作った

京都府南丹市●柿迫義昭

トチの実の皮剥き器を応用。オイル缶の上に置いて潰す

『現代農業』2020年10月号44ページ「渋柿・青柿でタンニン鉄」を読み、さっそく私も青柿でタンニン鉄を作ってみることにしました。しかし記事には、青柿を潰しているときに「飛んだ柿渋が目に入った」とあります。それはかなわんと思い、木製、鉄製の２種類のカキ潰し器を作ってみました。とくに木製のほうは誰でも作れるのではないでしょうか。このカキ潰し器なら、柿渋が飛ばず、簡単に素早く潰すことができます。

私もタンニン鉄栽培を黒米で実践し、効果を検証中です。近所の農家にもタンニン鉄栽培をすすめてみたところ、ゴーヤーで比較実験をする方も出てきました。聞くと、「夏の暑さでゴーヤーの葉が弱ったが、タンニン鉄を散布したほうは元気になった」とのことでした。

木で作る

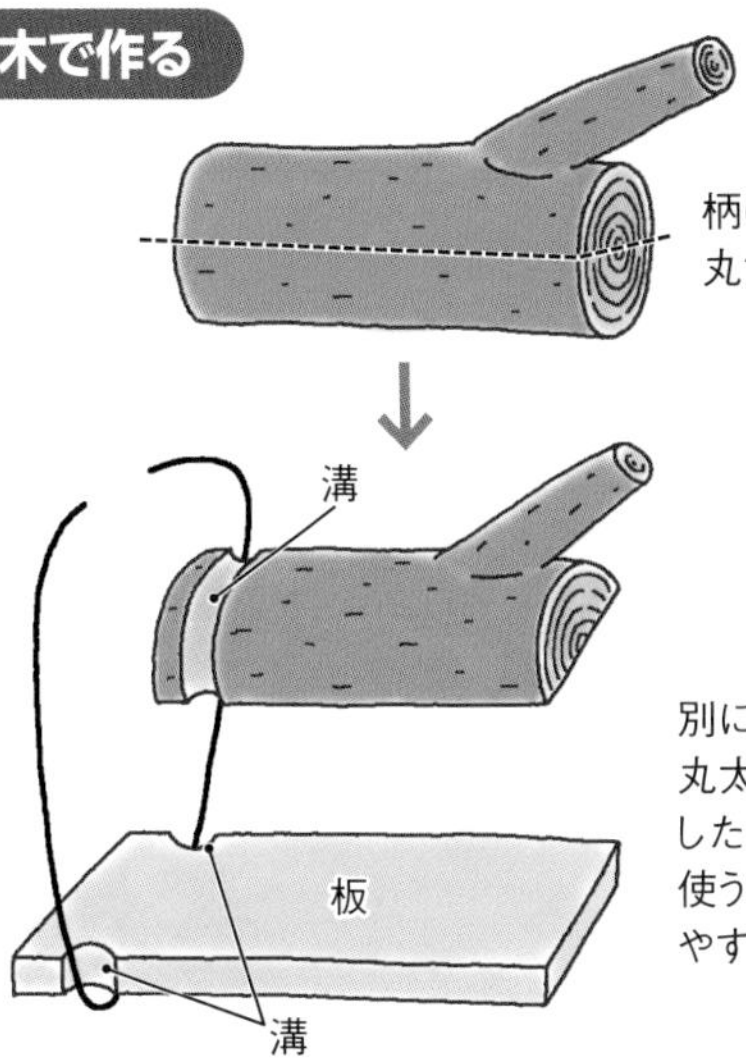

柄になる枝がついた丸太を半分に割る

別に用意した板と割った丸太に溝を掘り、溝を通したヒモを縛って完成。使う木材が堅いほど潰しやすい

鉄で作る

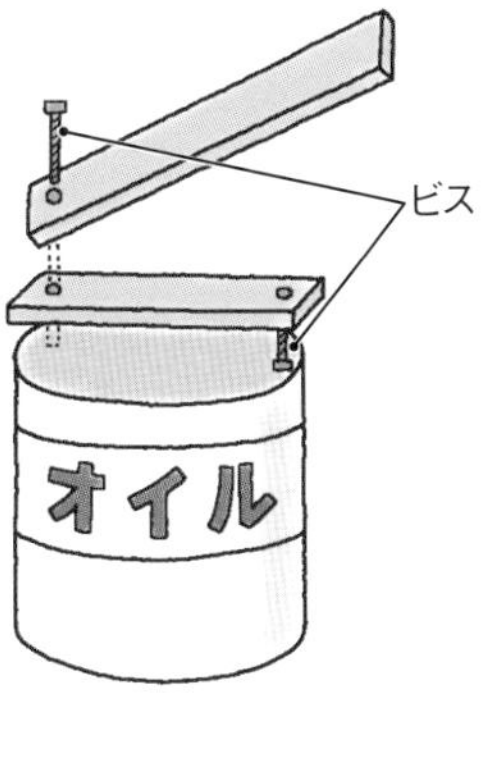

持ち手になる鉄板のビスの穴は、ビスより5～10㎜大きく開ける。オイル缶の直径に合わせてもう1カ所ビスを打ち、オイル缶とカキ潰し器を固定

材料はすべて鉄工所で出た廃材。木製よりもラクに潰せて、1分で10個潰すのも簡単

潰した青柿に水を加え、カキ潰し器をそのまま鉄材として入れて3日目。すっかり真っ黒になった

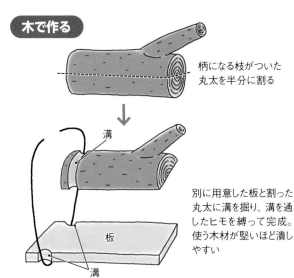

たった1日で真っ黒に

クリの鬼皮・渋皮でタンニン鉄

千葉県立大網高等学校●藤江秀孝

タンニン

乾燥、粉砕したクリの鬼皮・渋皮。洗濯ネットに詰めて使う

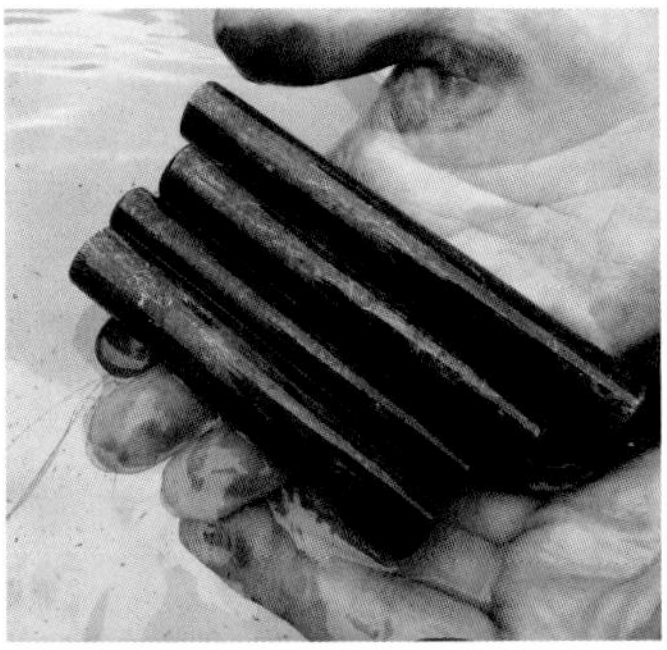

鉄

溶接実習で使っていた鉄の棒20本、計2kg

タンニン鉄完成

200ℓのポリタンクに入れて1日後。腐敗臭はほとんどない

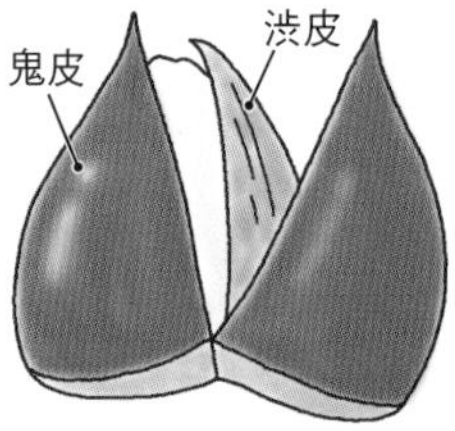

県立高校の食品科学科に非常勤講師として勤めて7年目。生徒たちと20aの畑でエゴマを栽培しております。

エゴマのよりよい栽培方法を模索していたところ、書店で偶然『現代農業』2020年10月号「タンニン鉄」の記事が目にとまりました。製茶実習の授業で使っていた荒茶が冷蔵庫に少し残っているのを思い出し、さっそく鉄茶（タンニン鉄の液体）を作ってみることにしました。すると『現代農業』の記事に書いてあるとおり、5日ほどでお茶が黒くなったのですが、きつい腐敗臭もあり、少し閉口しました。

「クリの皮が使える？」

私の勤務する高校では、毎年秋に校内販売用の栗きんとんを作っています。クリの鬼皮や渋皮（以下、皮）を剥く作業は食品科学科の生徒全員で行ない、約500kgの生クリを5週間ほどかけて処理します。その際に、廃棄される皮が約200kg（歩留まり60％）出ます。

クリの皮を剥くときに包丁の鉄分と栗のタンニンが結合してしまい、加工過程で煮ている間にクリが黒く変色してしまいます。そのため、剥いたクリを冷蔵庫内で一晩ミョウバン液に浸漬し、アルミニウムとタンニンを反応させて変色を防止する処理が必要です。

この経験を思い出し、廃棄していたクリの皮でタンニン鉄が作れるのではと考えました。

クリの皮なら たった1日で真っ黒に

昨年秋はクリの皮を廃棄せず、乾燥機に入れてから（60℃で20時間）、家庭用ミキサーで粉砕（60～90秒程度）。その後は紙袋に入れて、必要に応じて使うことにしました。

タンニン鉄を仕込むときは、このクリの皮0・8～1kgを洗濯ネットに詰めたものと、溶接実習の授業で使用していた鉄の棒2kgを200ℓのポリ容器に入れました。するとたった1日で真っ黒に変化し、その早さに驚きました。腐敗臭もほとんどありません。使ったクリの皮は、タンニン鉄液を作るのに2回ほど使いまわし、出がらしは畑にまきました。

エダマメの生育転換が早かった

エゴマの定植は7月半ば以降で、それまでの間、圃場を有効活用するためにエダマメを栽培しています。一部のエダマメに、タンニン鉄の原液をジョウロで4回まきました。すると、無施用のものと比べて葉色が早く緑色になりました。また、栄養生長から生殖生長に移行するのが早く、無施用のものと比べて10日ほど早く莢が生長しました。同じ日に定植したエダマメなのに、生育に明らかな差が出たので驚きです。

ただ、最終的にはタンニン鉄を施用したものよりも、無施用のほうがエダマメの収量が多い結果になりました。長く続いた日照りが原因だと考えています。というのも、タンニン鉄で生育が早かったエダマメは、莢がついてから日照りが続き、最後までなかなか実が太りませんでした。一方、無施用でゆっくり育ったエダマメは、日照りが続いた後に莢がつき、結果的にしっかりと実が太りました。

実験の結果から、来年はタンニン鉄をエダマメの生育後期にずらして施用しようと思っています。また、タンニン鉄で生育転換を早めることで収穫時期をずらし、作業効率を上げることもできるのではと考えています。

そして、エゴマはどうなるのか。この秋も継続して研究をしていきます。

エダマメの比較実験

7月上旬の様子。4～6月の間、約3週間に1度の頻度でタンニン鉄をまいた。施用したエダマメは草丈が低く、葉色が濃い

タンニン鉄を施用したエダマメは無施用と比べて地上部も地下部もコンパクト。一方、莢の数は明らかに多かった

クヌギの葉でタンニン鉄

福岡県筑前町●森 友彦

実験1

落ち葉でタンニン鉄作り

左から「鉄だけ」「クヌギの落ち葉だけ」「鉄とクヌギの落ち葉」を入れた水。3日ほどで落ち葉は薄茶色、鉄と落ち葉は薄い黒色に変色した

水入れに落ちた葉がきっかけ

500坪の農園でニホンミツバチ、ニワトリ、花や果実を育てています。

鶏舎の横にクヌギの木があり、その落ち葉が勝手にニワトリの水入れに入ります。『現代農業』誌で「鉄はいい」と知り、落ち葉の入った水入れにロータリ爪を入れてみたら、黒く変化してタンニン鉄ができました。それ以来、健康維持になればと（効果はまだわかりませんが）、クヌギで作ったタンニン鉄をニワトリに飲ませ続けています。

生葉を煮出すと濃いタンニン

クヌギの葉は毎年大量に出るので、もっとタンニン鉄作りに生かしたいと思い、鉄との反応やタンニン鉄の効果を実験してみました。

その結果、夏頃になると落ち葉に含まれるタンニンが少なくなっていることや、夏の生の葉は煮出せばタンニン鉄作りに役立つことがわかりました。

水草を使った生育への影響調査では、タンニン鉄が生育を促進したり、濃すぎてもよくないという可能性も見えました。

実験 2

生葉でタンニン鉄作り

生葉と鉄を入れても水だけだと透明のまま（右）。しかし、沸騰したお湯をビンに注ぐと、タンニンが濃く抽出されるのか水が真っ黒に変色した（左）。落ち葉にも沸騰したお湯を注ぐと変色したが、夏に拾ったものなので、タンニンが流亡して減っているのか、淡い茶色だった（中央）

実験 3

タンニン鉄で生育はどう変わる？

水草（マツモ）をタンニン鉄入りの水で育てて生育差を調査

タンニン鉄を入れると生育が早い。ただ、クヌギの落ち葉のタンニン鉄は、一番大きく育ったが葉がボロボロになってしまった。タンニンが濃すぎてもよくないみたい!?

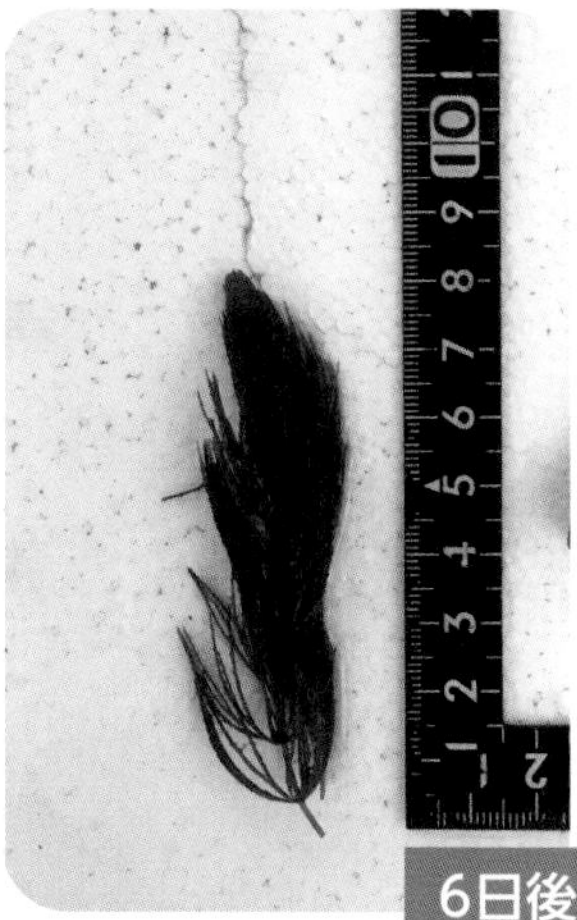

最初はどの水草も8㎝

6日後

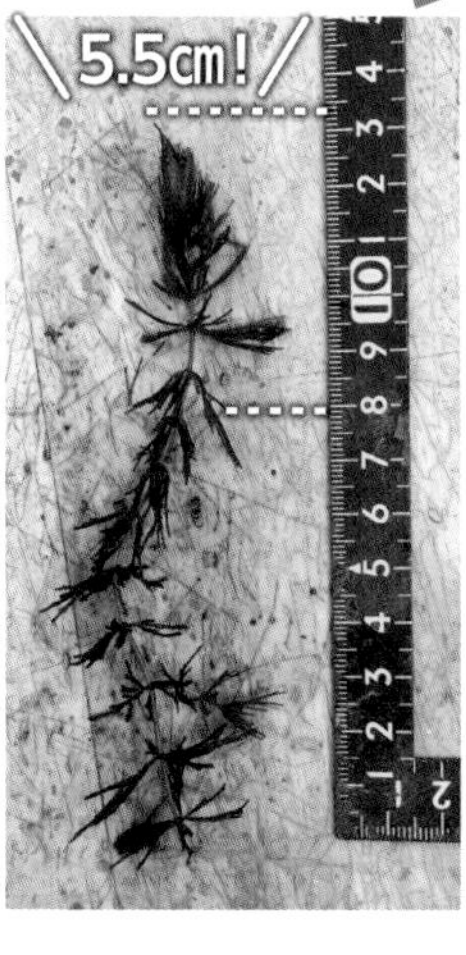

クヌギの落ち葉で作ったタンニン鉄を入れて育てたら……

茶葉で作ったタンニン鉄を入れて育てたら……

水だけで育てたら……

キブシの実、クリの新葉…

さまざまなタンニン素材で作る

福島県南会津町●月田禮次郎《れいじろう》

鉄の何億年もの大循環

私は国道沿いの自宅から2・5㎞ほど林道を上った標高725mの台地にある林に畑地を開き、現在はカラーやヒメサユリなどの山野草を栽培しています。また、農家民泊で都会の小中学生の生活体験学習を受け入れたり、仲間とともに講師を招いて自然・歴史・民俗などの勉強会をしてきました。

私が鉄に興味を持ったのは、2011年に農文協から出版された『シリーズ地域の再生⑰　里山・遊休農地を生かす』を読んでからです。守山弘先生の書かれた第1章に、地球上の鉄の動きが詳しく説明されていました。火山灰などに含まれる鉄は植物のタンニンと結合して水に溶け出し、海まで届き、植物プランクトンを育てる重要な働きをしています。食物連鎖を経て、最終的には海底に沈み、プレートの移動や火山の噴火で再び地表に出る。鉄の何億年もの大循環、鉄と植物のかかわりに興味がわいてきました。

祖母のお歯黒に使ったヒメヤシャブシ

1887年（明治20年）生まれの私の祖母は、私が子どもの頃、お歯黒をしていました。その材料として「ヒメヤシャブシの実から出るタンニンを使った」と後に父が教えてくれました。「歯を染めたときは、本当にきれいなものだった」そうです。やり方はぜんぜん聞いていませんが、「カネをつける」といっていたように思います。

私の農園に上る林道はほぼアスファルトで舗装されましたが、地下から路面に水が浸み出して赤サビ色になっているところが数カ所あります。鉄分を含んだ水が地上に出て酸化し、赤い酸化第二鉄の状態となるようです。

前述の本の記述をヒントに、そこにヤシャブシの実を置いて石で潰してみました。少し時間が経つと、インク色になってきます。これがタンニン鉄という安定した物質で、海まで流れて海の生き物を育むのだと知ったときは、感動でした。

さっそく、民泊に来た子どもたちを農園に連れて行くとき、近くにあるキブシの実を水の浸み出る場所に置いて各自に潰させました。そのときは何も話さず、帰りにその場所で説明を始めます。みごとにインクの流れができた現場で、鉄の大循環の話をします。中学2年生以上であればその意味をお

筆者（76歳）
（すべて倉持正実撮影）

よそ理解し、興味を持って聞いてくれます。

マイマイガの糞でも染まった

２０１４年、隣の昭和村でマイマイガが大発生しました。林道脇に２本ある直径50㎝ものブナの木は、葉が１枚もなくなり、梢に着生しているヤドリギの葉だけが残っていました。林道は幼虫の糞だらけ。幹には終齢幼虫が縦にビッシリと静止し、遠くから見ると熊が木から降りるときにつける爪跡かと思うほどでした。

翌年は私の農園も被害を受け、クリの木の葉が丸坊主になり、林道の側溝に糞が溜まり、山側から浸み出す赤サビ色の水をインク色に変えていました。幼虫がよく噛み砕いたクリの葉だからタンニンも濃縮したのでしょうか。それにしても幼虫の腹の中を通ってもタンニンは変化しないのですね。

ユリの微量要素欠乏対策に

『現代農業』２０１９年10月号が届くまで、身近に転がっている鉄が畑の資材に使えるなど考えてもみませんでした。黒ボク土の圃場でつくるユリには、微量要素欠乏とみられる葉の黄化が出ています。今までは市販の鉄資材を使っており、それなりの効果はありました。これを手作りのタンニン鉄で代用できるかもしれません。

しかし、当地には茶の木が分布しておらず、タンニン素材として地元で使える植物は何かと考えました。まずはお歯黒に使ったヒメヤシャブシ、ヤシャブシ、キブシの実で試してみました。少量の実がとれたので、潰してペットボトルに鉄クズと一緒に入れたところ、みごとにインクができました。

10月になって豆柿の実をとって試すと、これもいい具合にできました。ただ、秋も遅く、作物に試す前に冬となりました。

キブシの実

地下から路面に水が浸み出し、赤サビ色になっている

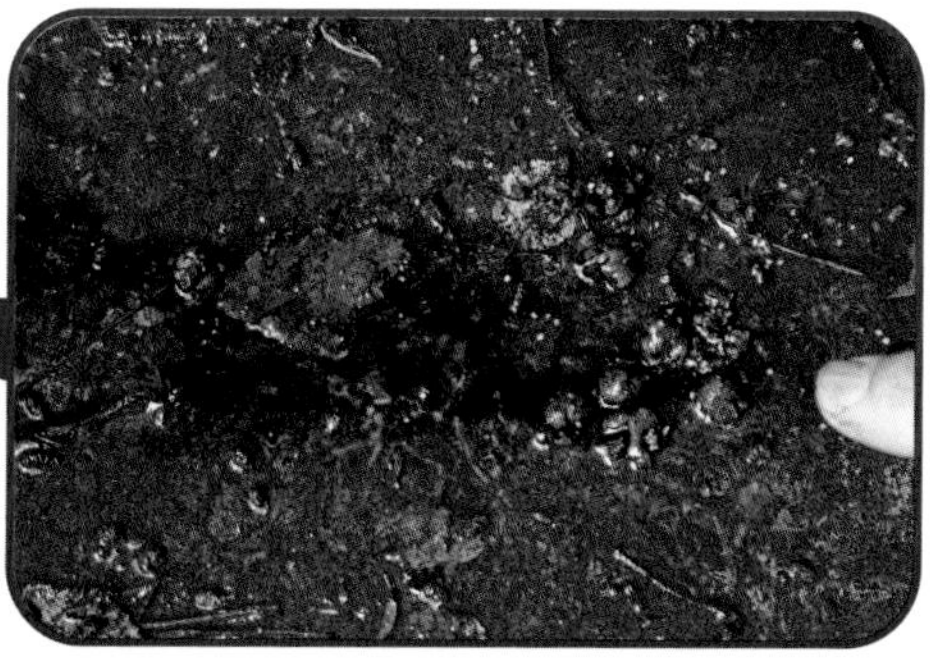
数時間前にキブシの実を潰して置いた。酸化第二鉄が実の中のタンニンと反応して黒く染まった

クリの新葉でタンニン鉄を作る

クリの新葉。クリタマバチの虫こぶがついたものを並べてみた（6月12日撮影）

ネットに入れて、木槌で5分ほど叩いた。細かく切ったほうがタンニンは出そう

20ℓの容器に入れ、使い古しのトラクタのブレーキドラム（鋳物）と水を入れた

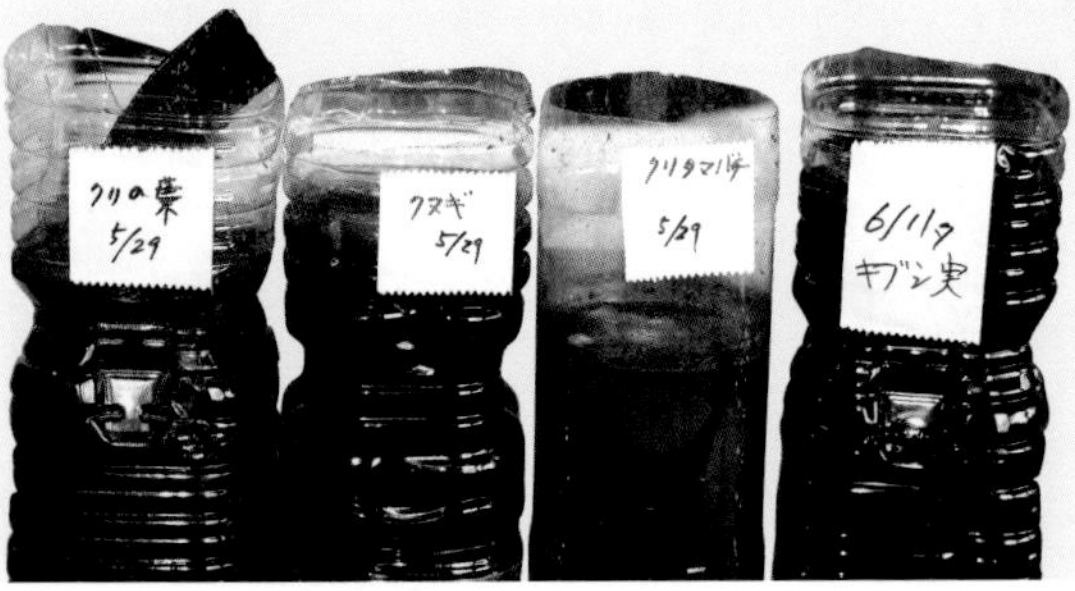

ペットボトルでタンニン鉄実験。左からクリ・クヌギの新葉、クリの虫こぶ、キブシの実

クリの新葉でタンニン抽出

今年に入ってやってみたのは、5月末から6月初め。コナラ、クリ、ヤマハンノキの新葉、クリタマバチの虫こぶで試しました。やわらかい新葉には虫害のリスクを防ぐために、タンニンが多く含まれるそうです。これらの中で入手しやすく一番よかったのはクリの葉でした。虫こぶも色は出たものの糖分が多いためかすぐに発酵して、ショウジョウバエが多発しました。

肝心のユリの葉の黄化対策にはほとんど試せないままでしたが、ユリ科のタマガワホトトギスでは効果を確認したところです。

タマガワホトトギスの黄化した葉に葉面散布してみた。7～10日後には色がのってきた。ただし、葉面散布では直後に雨で流されないとお歯黒状態になるので、株元にやるのがよさそう

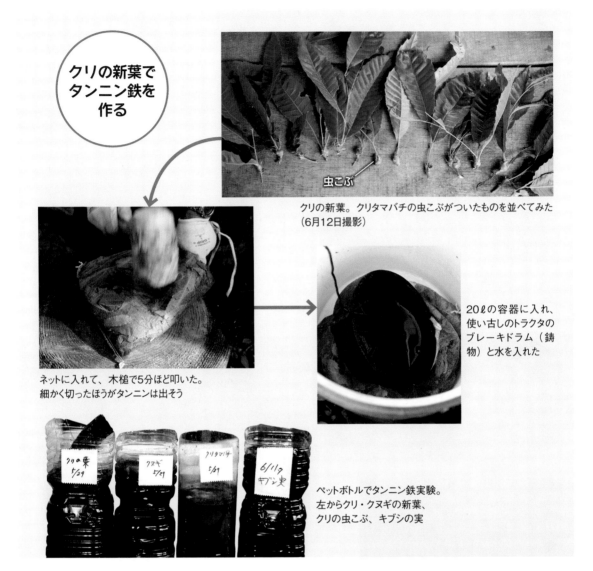

第3章

タンニン鉄が効くしくみ

てつや先生の鉄学講座

京都大学大学院工学研究科●野中鉄也

タンニン鉄が溶け出した液体
（依田賢吾撮影。以下、本章中記載のないものすべて）

自然界の鉄分循環の話

機械用の油の開発中に発見

私は機械工学分野の大学教員で、自然の鉄分循環に関わる仕事は大学で認められた「兼業」（大学の本業以外の業務）として、携わっています。

兼業を始めたきっかけは、機械用の油の開発からでした。機械部品は鉄が多く、その摩耗を少なくする油を開発するため、レコード盤のようなディスクの上に油を注《さ》し、針やボール状の鉄を押し当てる実験をしていました。摩擦エネルギーによって金属表面では化学反応が盛んになるのですが、このとき油の温度が100℃を境に変化が起きることを突き止めました。100℃以上の油では、表面が黒サビ系の酸化膜で覆われ、100℃未満だと赤サビ系の酸化膜になりました。

赤サビはもろくてボロボロと剥がれますが、黒サビは構造が緻密で摩擦に対する抵抗が小さい特徴があります。黒サビ、赤サビの出方の違いは何か？水の存在ではないか？と考えました。油の中にもほんの少し水が含まれています。水分があると赤サビが発生し、100℃以上で蒸発すると黒サビになると推測したのです。

そこで、100℃以下の常温でも赤サビを黒サビに変える方法を研究しました。調べていくうちに、還元力の強いタンニン（ポリフェノール）が赤サビを黒サビに変える力を持っていることがわかり、油の中にタンニンを入れて実験すると、鉄の表面に保護膜ができることがわかりました。この保護膜は何か？　黒サビ系の酸化鉄か、タンニン鉄かと推測しましたが、表面分析するとタンニン鉄だとわかりました。

関連する試験として、タンニンを多く含んだ緑茶の中に鉄釘を入れて何が起こるかも観察してみました。やはり鉄の表面に保護膜ができるのを期待したのですが、今度は黒いモヤモヤが溶け出しました。実験としては失敗ですが、緑茶が鉄を溶かす力があることに驚きました。

このとき直感で、「自然が何かのために用意した化学反応ではないか？」「ミネラルの中でも、とくに循環しにくい鉄を世界に循環させるための反応ではないか？」と想像しました。

野中鉄也。専門は機械工学だが、大学で認められた「兼業」として鉄ミネラル栽培に携わる（2022年3月退職）

金属は酵素で生命とつながっている

鉄が生き物にとって重要な理由は、鉄が主要な酵素の部品であるためです。無機化合物である金属（ミネラル）は、生命と遠く離れた存在に思われがちですが、じつは酵素で直接的につながっています。酵素は、「大きなものを小さく分解する」「必要なものを合成する」など、生命を維持するためのミニ化学工場のような存在です。酵素はタンパク質でできていますが、タンパク質だけでは化学反応を起こす力が弱いため、金属（ミネラル）を部品として取り込むことで、化学反応を起こす力をつけているものが多いのです。

なかでも鉄は、地球の鉱泉で最初に誕生した生命が利用したミネラルです。鉱泉に豊富に存在した鉄と硫黄が一体となった「鉄硫黄クラスター」を持った酵素が、現在も多く存在します。例えば、光合成に必要な葉緑素を合成する酵素や、根粒菌の中でタンパク源を作るチッソ固定酵素（ニトロゲナーゼ）にも、鉄硫黄クラスターが存在します。鉄分が不足した環境では多くの生命が生きていけなくなることが理解できると思います。

鉄が循環しにくい原因

また、鉄分循環を考える上での大きな出来事としては、「酸素のない地球」から「酸素のある地球」への変化が挙げられます。「酸素のない地球」では、鉄は錆びずに海水に溶けることができます。ところが、光合成をして酸素を吐き出す生命（シアノバクテリア）が誕生し、「酸素のある地球」へと大きく変化すると、鉄は錆びて水に溶けることができなくなり、沈んでしまいました。現在、工業的に利用されている鉄鉱石は、その時代に海の底に沈んだ鉄だといわれています。自然に存在する鉄化合物は水に溶けないものがほとんどで、鉄分が循環しにくいミネラルである原因となっています。

かつて海水に潤沢に溶けた鉄を利用していた生き物は、危機に瀕しました。しかし、最終的に生命は陸に上がって森をつくり、鉱物中の鉄を海に届けるシステムをつくり上げました。森の落ち葉が堆積して腐葉土となり、そこに含まれるタンニンやフルボ酸が雨水とともに溶け出して土中の鉄と結びつき、生き物が吸収しやすい形（タンニン鉄、フルボ酸鉄）となって川を流れ、海へと注ぐシステムです。

鉄は、生態系にとって血液のような存在であり、森はそれを送り出す心臓、川は血管なのです。しかし、日本では針葉樹の植林によって森の腐葉土層の多くを消失し、ダム建設や河川改修で周辺環境とのつながりを分断してきたため、鉄分循環における心肺停止・血管閉塞のような状態に陥っています。その結果、田畑への鉄分供給は途絶え、海の生き物が消える「磯焼け」問題も各地で起こっています（120ページ）。

土中の微生物や野菜の中の酵素が活性化する

こうして、森から海へ向かう鉄分循環の途中の田畑でも鉄分が不足し、そこで育つ野菜も全般的に鉄分不足なのでは？　と考えました。鉄分豊富な畑で育った野菜はどんな味になるのだろう？　実際に食べてみたいという好奇心から始めたのが、「鉄ミネラル野菜」の栽培です。知り合いの方にお願いして、落ち葉や茶葉から出るタンニンで鉄を溶かし、畑に散布してもらいました。

鉄分豊富な野菜は手強い味になると予想していましたが、意外にもアクやエグ味は少なく、甘みや野菜本来の味と香りが強い、とてもおいしい野菜になりました。一つひとつの細胞が水分

70年前に針葉樹を植林された山を流れる沢水。鉄分不足は、それを飲む野生動物、畑で育つ野菜、それを食べる人間……、と生き物すべてにつながっている!?

をたっぷり吸い込み、シャキッとした食感です。包丁の通りもよく、しっかりして、ずっしりと重い野菜になりました。日持ちもよくなります。1週間もあれば味が変わるので、収穫の少し前に散布しても効果が確認できます。簡単なので、議論する前にやってみることをおすすめします。

野菜の味や食感が変わる理由は、土中の微生物や野菜の細胞の中での酵素の働きが活性化するためだと思われます。特別なことをしているわけでなく、かつての農村で自然に起きていたことを再現しているのだと想像しています。

年配の農家の方に試食してもらうと「昔の野菜はこんな味だった」という感想が多いです。50年以上の長い時間をかけて自然の鉄分循環が断ち切られるなかで、ゆっくりと野菜の味が変わったので、誰もその変化に気づかなかったのかもしれません。

この農法を始めたり、あるいは、この農法で育った野菜を食べることで、本来の自然循環を取り戻すことの重要性を理解する人が増えることを期待しています。

タンニン鉄ってどんな鉄？

タンニン鉄、二価鉄、三価鉄、酸化還元……。化学に疎い人間には、なんともとっつきにくい鉄の世界。畑や田んぼの中の鉄ってどんな状態？　植物はどのように鉄を吸収している？「鉄ミネラル栽培」の提唱者である、京都大学工学部の野中鉄也先生に、〝鉄〟に関するきほんのきを教えてもらった。

（まとめ＝編集部）

――お茶の中に鉄を入れて反応したタンニン鉄のことを「鉄ミネラル」と呼んでますね。

ミネラル豊富なお茶に鉄を入れる

これは私の造語です。鉄は生命にとって非常に重要なミネラル（金属原子）の一つですが、酸素のある状態ではサビて沈んでしまうため、自然循環しにくい物質です。

一方、茶葉の中には鉄も含めて、マンガンや亜鉛など他のミネラルも豊富に含まれます。もともとミネラル豊富なお茶に鉄を入れて、吸収されやすいタンニン鉄をたっぷり含んだ液体を作る。この「鉄ミネラル液」を利用するのが、「鉄ミネラル栽培」です。

――タンニン鉄はキレート鉄の一つとのことですが、「キレート化」とはどういうことですか？

鉄をはさみ込んで吸収しやすくする

キレートとは、ギリシャ語で「カニのハサミ」という意味で、吸収されにくい養分をアミノ酸や有機酸によってカニバサミのようにはさみ込んで、吸収されやすい形に変えたり、反対に有害物質を無害化したりする現象です。

自然界に一番たくさんある鉄は、酸化鉄や水酸化鉄という無機化合物です。これは植物が吸収しにくい状態なのですが、タンニンによってキレート化されることで吸収されやすくなる。

キレート剤（キレート物質）にもいろいろあって、農業分野ではフルボ酸やクエン酸の他、水耕栽培で使われるEDTA（エチレンジアミン四酢酸）などが知られています。タンニンもその一つですが、じつはこれまでタンニンは植物や人間の鉄分吸収を助けるキレート剤とは考えられてこなかったんです。その辺のことは、またあとで説明しましょう。

――では、タンニン鉄についてお聞きします。どういう性質の物質なんでしょう？　水には溶けているのでしょうか？

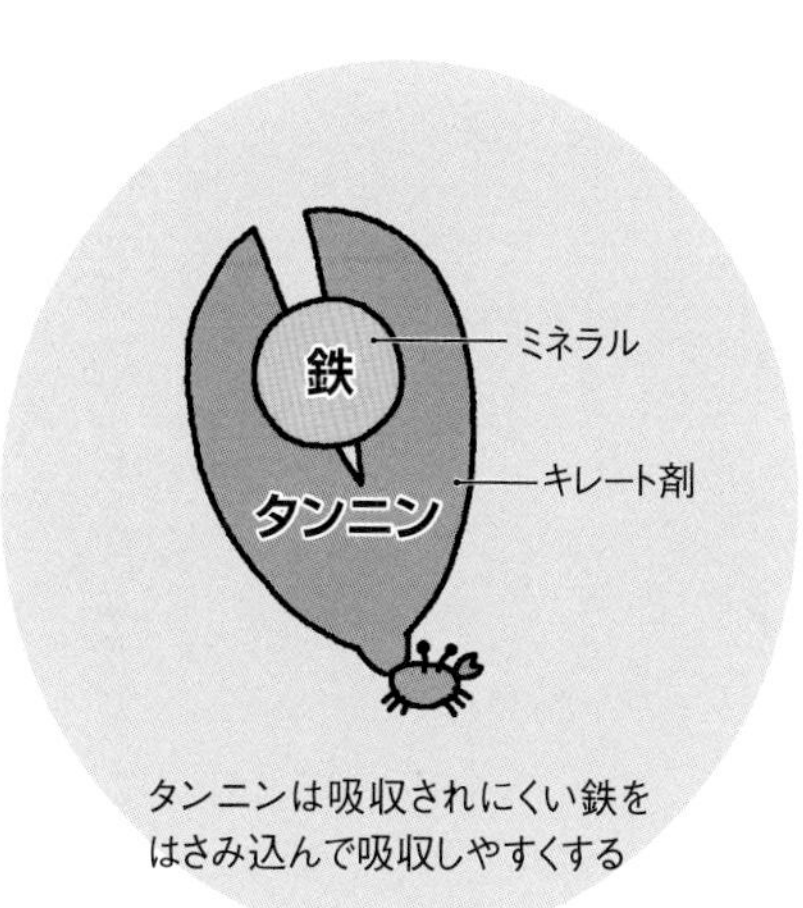

タンニンは吸収されにくい鉄をはさみ込んで吸収しやすくする

玉露では沈むが、番茶では沈まない

これまで、タンニン鉄は水に溶けないといわれてきました。それは正解です。溶けないから沈殿するともいわれてきた。でも、これは条件次第なんですよ。

お茶にもいろいろあるじゃないですか。玉露みたいな高級茶もあれば、番茶のような大衆茶もある。お茶の主成分はテアニンというアミノ酸とビタミンC、タンニンの一種であるカテキンの三つ。その比率でお茶の味と品質が決まって、玉露とかの旨み成分の多いお茶は基本的にテアニンが多いんです。

玉露のお茶に鉄釘を入れるとタンニン鉄ができてぷかぷか浮かぶんですが、しばらくするとテアニンの周りにタンニン鉄がひっついて沈んじゃうんです。つまり、タンニン鉄はアミノ酸の周りに凝集する性質がある。一方、テアニンがあまり多くない番茶とかを使うと黒いままで浮かんでいます。市販のペットボトル緑茶で実験したところ、1年くらいは沈殿せずに浮かんでいました。

海水などの電解質の中でも沈む

あと、電解質の中でも沈みます。海水に入れるとタンニン鉄が大きい粒子になってゆらゆらしだし、やがて沈みます。そんな現象が見られたから、タンニン鉄はこれまで自然を循環する鉄の候補として外されてきたという歴史があるんです。沈殿して沈んでしまうから、循環しない、吸収されないに違いないと思われてきたんです。

でも、川の水では沈みません。溶けてはいないけれど、コロイド粒子になってぷかぷか浮いています。

自然界では森の樹から葉が落ちて、そこに雨水がかかると、落ち葉の中のタンニンが抽出されます。茶葉に湯をかけるとカテキンが抽出されるのと同じですね。で、タンニンが溶けた水が土に浸み込むと、土の中にいる酸化鉄とくっついてタンニン鉄ができる。タンニン鉄は水にぷかぷか浮くので、それらが集まって沢となり、川となり、最後に海まで届くというような循環が考えられます（69ページ）。

——タンニン鉄を使いこなす新谷太一さん（8、18ページ）の圃場を訪れたとき、タンクに溜まっていた鉄ミネラル液は、はじめ透明でした。新谷さんがかき混ぜると、液体がみるみる黒くなりましたよね。どういう現象なんでしょう？

酸性液の中では溶けて透明になる

水の入ったタンクに茶葉と鉄を放り込んでおくと、タンニン液ができると同時に発酵も進むんですよ。嫌気性の微生物が茶葉を分解して、フェノール酸とかカルボン酸といった有機酸を出すので、酸性液になります。で、水の中でぷかぷか浮いて黒く見えたタンニン鉄は、酸性液の中では溶けて透明になるんです。

簡単に説明すると、タンニン鉄の構造は、74ページのような図で表わされます。鉄イオンには2価と3価の状態があって、マイナスの電子が2個とれると2価の陽イオン（二価鉄、Fe^{2+}）、3個とれると3価の陽イオン（三価鉄、Fe^{3+}）となります。黒いタンニン鉄は、タンニンを構成する酸素分子の中の三つが腕を伸ばして、3価の鉄イオンをはさみ込むように結合するんです。これがキレート化（錯体化）なんですが、酸性液の中では腕が一つはずれて水素イオンを掴むので、鉄は2価

透明の鉄ミネラル液が、真っ黒に変化！

新谷太一さんの鉄ミネラル液。最初は透明だったが、
混ぜるとみるみる黒い液体に変化した。

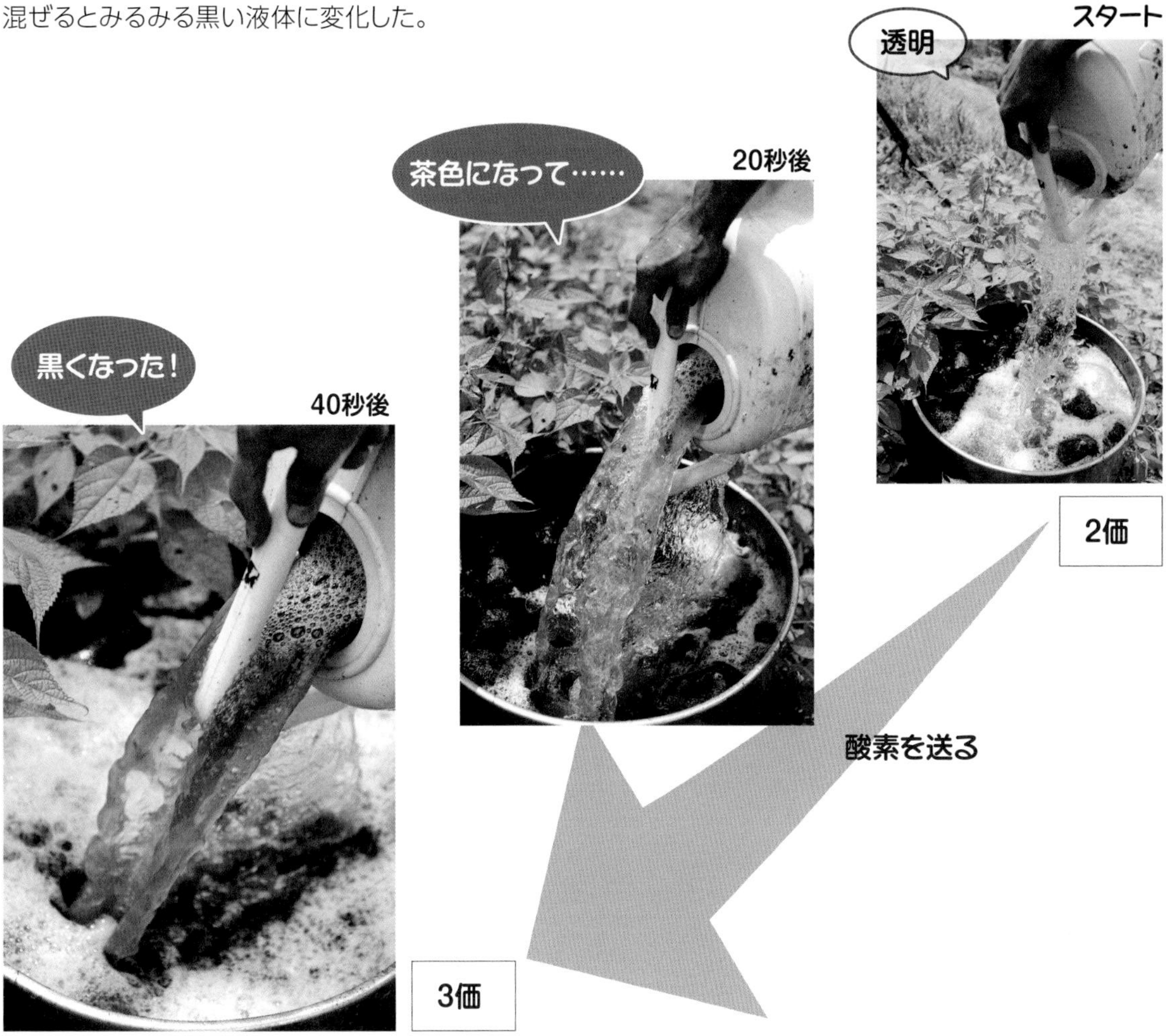

になるんです。この状態になると水に溶けて液体が透明になる……。

——ちょっと難しいですが、なんとも不思議で興味深い現象ですね。

酸素リッチな状態なら、ニオイが出ずに黒いまま

新谷さんが透明になった鉄ミネラル液をかき混ぜたのは、それと逆の現象を起こしたということです。酸素を送ることで、タンニン液の中で繁殖していた嫌気性微生物が一気に死ぬことで、有機酸が出なくなって酸性が弱まる。それで、透明な2価のタンニン鉄が3価の粒子に戻る。それと酸素が送られて酸化が進むことでも変化する。二つの要因から2価が3価になり、黒く見えるようになったんです。

——タンニン鉄は黒と透明、どちらでも作物に効くのでしょうか？

どちらも効きますよ。ただ、タンニン鉄がちゃんとできているかを確認するには、黒いほうがわかりやすいですよね。全部混ぜずに、ペットボトルに半分くらい入れてシェイクして確かめ

タンニン鉄の基本構造

低pH（酸性）・低酸素（還元）の状態では、タンニンのハサミの1つがはずれて3価のキレート鉄が2価になる。

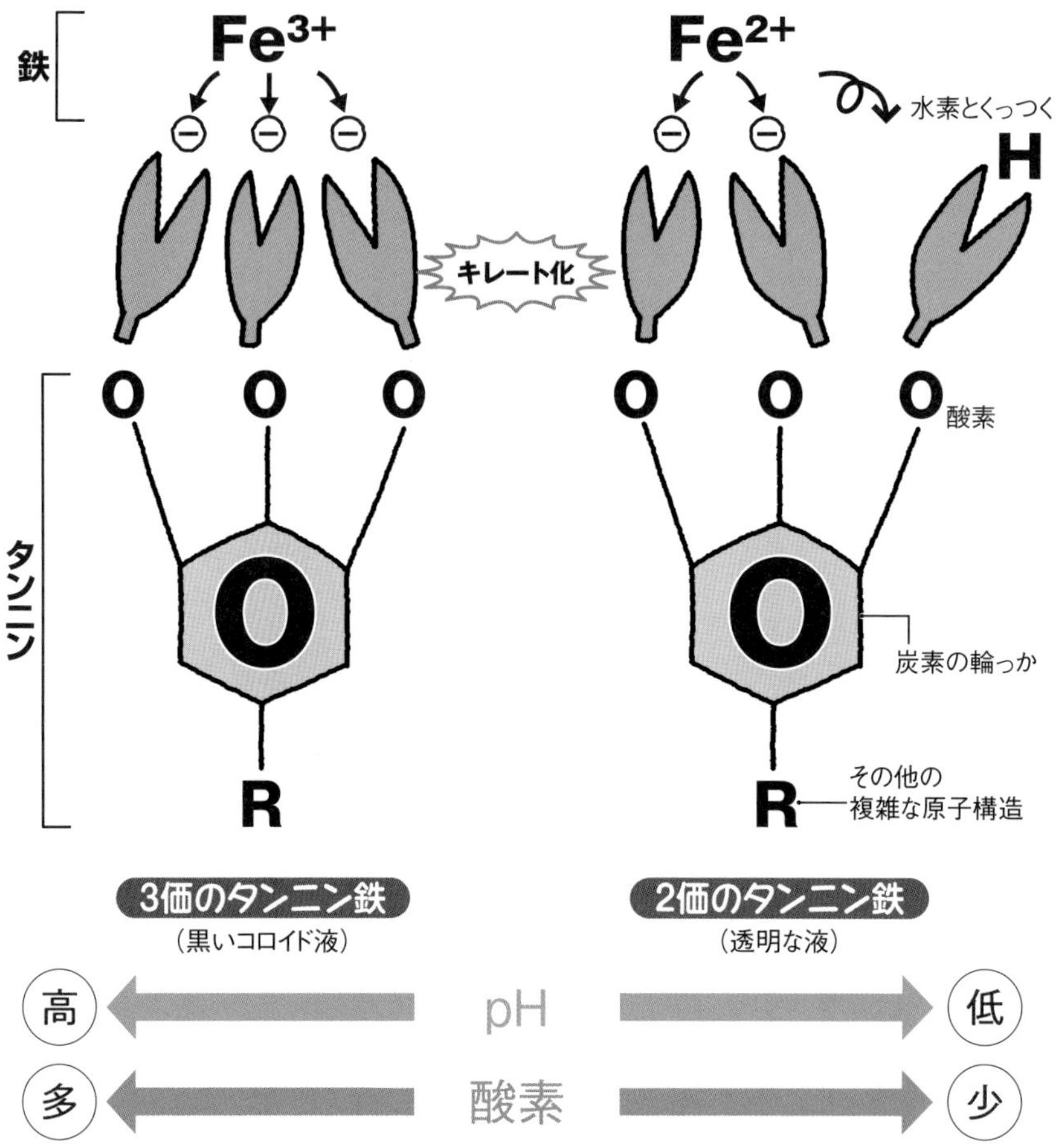

＊タンニン鉄の構造や機構については、現在さまざまな提案がされている状況にあり、上図はそのうちの1つを単純化したもの

てもいいですよ。

酸性液に浸ければ、黒い付着がとれる

ちなみに、お茶の中に鉄釘を入れてタンニン鉄を作っていると、そのうちに鉄釘自体が真っ黒になるんですよ。表面に黒いタンニン鉄が付着するんです。すると、鉄が溶け出す反応が少し遅くなる。これを元に戻すには、市販のレモン汁やビタミンC溶液に浸して一晩放置すればいいんです。酸性液の中で3価のタンニン鉄が2価になって溶け出すので、鉄釘が元の状態に戻ります。軽く水洗いしてから、水気を拭き取ればピカピカになりますよ。

――読者からの問い合わせで多かったのが、「原液でかけてもいいか?」「葉面散布は可能か?」「農薬と混用していいか?」といったことでした。

散布は原液でOK、鋳物の鉄は溶けやすい

鉄ミネラル液の色は黒いですが、鉄が大量に溶け出ているわけではありません。原液でかけてください。節約したい場合は2～5倍に希釈しても大丈

2価、3価の酸化鉄って?

鉄はマイナス電子を3個または2個放出したがり、酸素は2個もらいたがる。

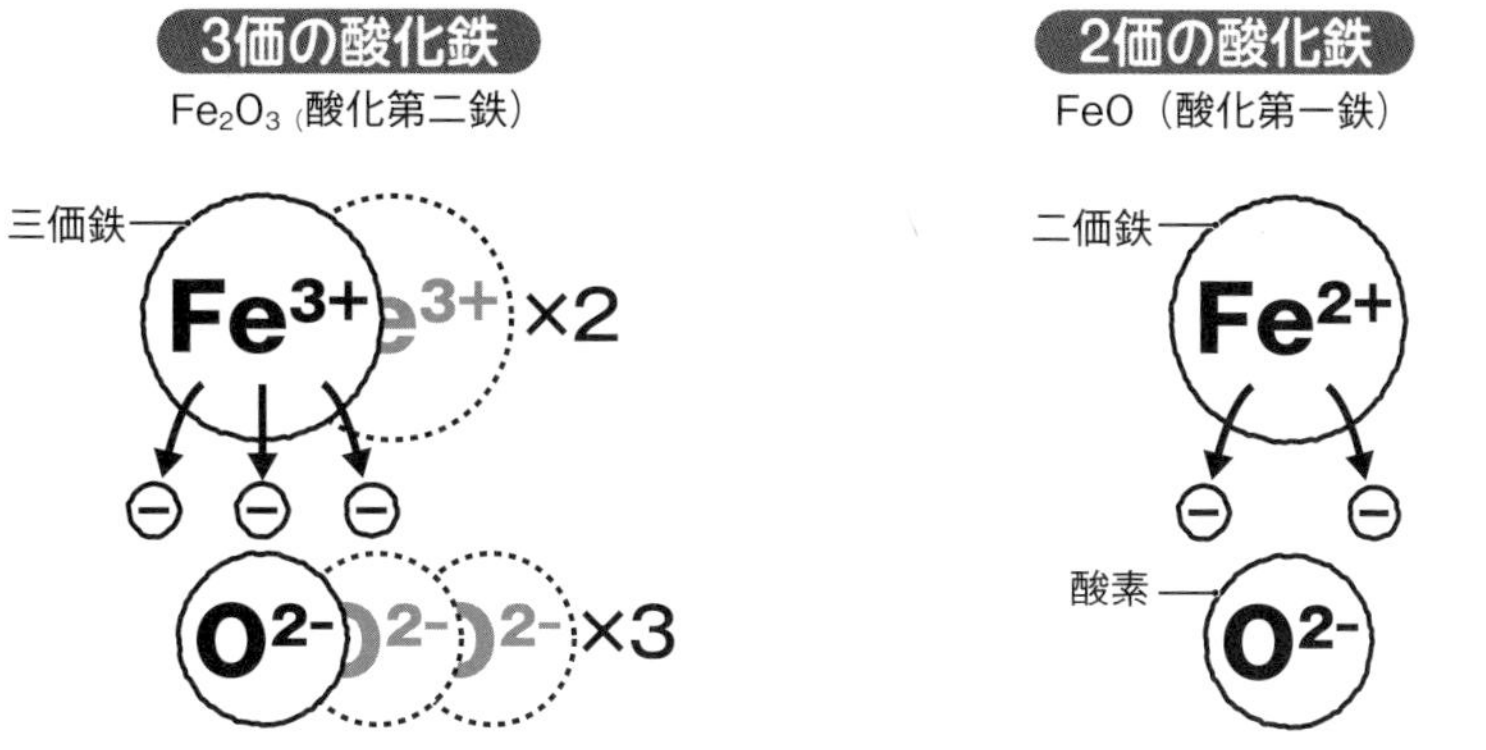

三価鉄2個と酸素3個で安定。
鉱物名はベンガラ

二価鉄1個と酸素1個で安定。
鉱物名はウスタイト

夫です。葉面散布も問題ないです。ただし、収穫前の葉物野菜にはおすすめできません。直接かけると、敏感な人は発酵臭や鉄の味を感じるかもしれません。葉の付け根に黒いものが残ることもあるので。

過剰害を気にする人もいますが、葉面散布でも土へのかん水でも、やりすぎると吸収されずにタンニン鉄が黒い粉になって残ります。水やり代わりに鉄ミネラル液を何度もかけた人もいますが、過剰害は起こっていません。

ちなみに、お茶と反応させる鉄は鋳物がベストです。鉄瓶や鉄分補給用の鉄玉子は鋳物ですよね。鋳物には炭素分が多く入っているのですが、鉄と炭素の組み合わせは鉄が溶け出しやすいんですよ。組み合わせの構造とも関係があるのですが、まあ、鋳物はサビやすいから鉄が溶け出しやすいと考えてください。純鉄である鉄釘、鋼の包丁やロータリ爪とで比べたら、鉄瓶>鉄釘>包丁（ロータリ爪）の順で溶けやすくなります。

農薬との混用については、これまで有機無農薬栽培をしている農家さんと取り組んできたので、実績はありません。ただ、タンニン鉄の化学的な性質として、いろんな物質と反応を起こしにくいという特徴があるので、混用できる可能性は高いと思います。

まずは、少量で鉄ミネラル液を農薬と混ぜた試験をしてみてください。未知の領域ですが、沈殿やガスの発生がなければ大丈夫だと考えられます。

——鉄についてもう少し詳しく教えてください。二価鉄は植物に吸われる、三価鉄は吸われないとよく聞くのですが……。

酸素が多いと3価に、少ないと2価になる

三価鉄になるか、二価鉄になるかは、化学反応が起きたときに、どれだけ酸素があるかないかで決まるんです。身近なところでは赤サビ。鉄を外に放置しておくと、雨に濡れたりして赤サビができますよね。これは3価の酸化鉄なんです。ところが、酸素のない状態で酸化すると黒サビになる。

——酸素のない状態でも、酸化するんでしょうか?

酸素がないといっても、真空状態ではないから少し酸素があるんです。

鉄釘をガスの炎で焼くと黒くなりますよね。これは燃焼によって酸素が奪われた酸欠状態にあり、なおかつ、高温で化学反応が促進された結果できる黒サビなんです。これは2価の酸化鉄となる。2価の酸化鉄は水に溶けやすいのですが、自然界には酸素が多いので畑にある鉄は3価の酸化鉄の状態なんです。

3価の鉄は溶けにくいとされていますが、正確には中性から弱アルカリ性の環境だと、3価の鉄はほとんど溶けない、というのが正解。酸性では3価の鉄も少し溶けるんです。でも、石灰をどんどん入れている畑などは、ほとんど溶けない。

そこで植物は根酸を出してpHを下げ、3価の酸化鉄を少しでも溶かして動かそうとするんです。根酸にはキレート物質が含まれているし、根圏に生息する微生物の分泌物にもキレート物質があり、それらと反応してキレート鉄ができる。これでようやく植物体に鉄を取り込む準備ができます。

鉄ミネラル液の場合、キレート物質のタンニンによって、あらかじめこの状態の鉄を根に供給しているというわけです。

真っ黒になった鉄のお手入れ方法

鉄ミネラル液を作り続けると、鉄がタンニン鉄に覆われて真っ黒になり、溶け出しにくくなる。
そんなときは以下の方法でお手入れ可能。

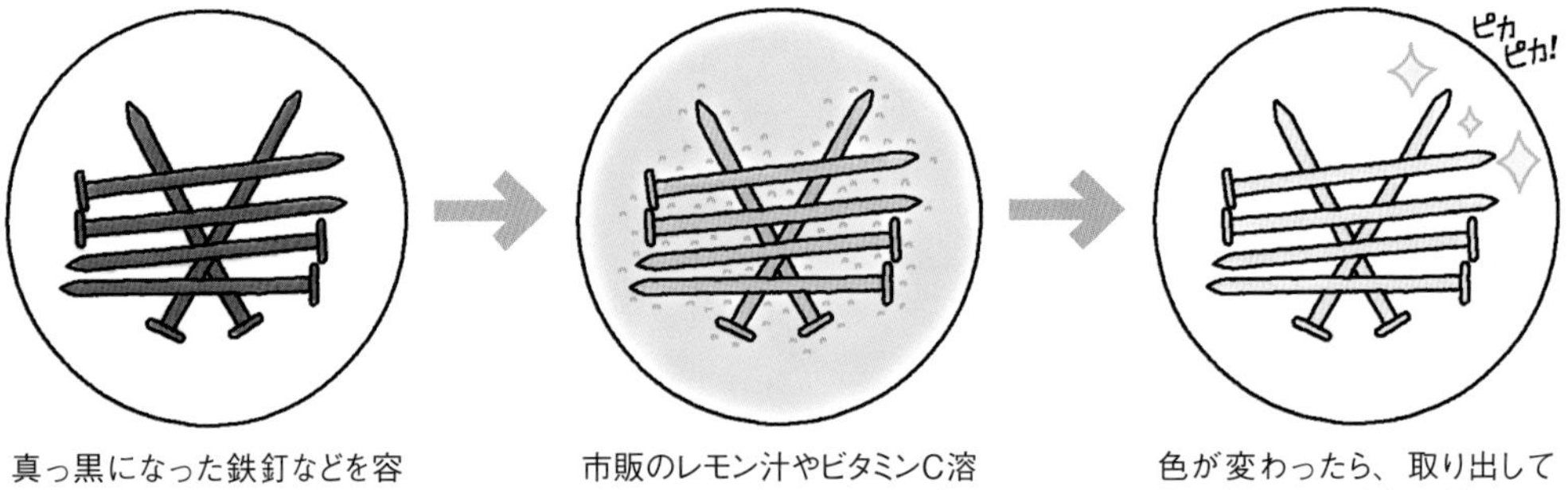

真っ黒になった鉄釘などを容器に入れる

市販のレモン汁やビタミンC溶液に浸して一晩放置する（泡が出ることもある）

色が変わったら、取り出して軽く水洗いし、水気を拭き取る（サビないように重曹水などをくぐらせるとよい）

鉄分が溶け出しやすい鉄って？

サビやすい鉄は、タンニン鉄を抽出しやすい鉄でもある。

鋳鉄（鉄瓶）　純鉄（釘）　鋼（ロータリ爪）

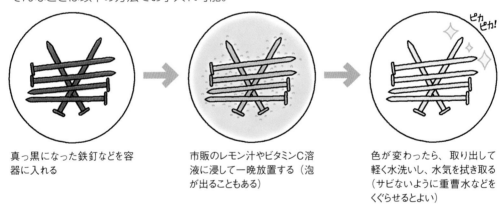

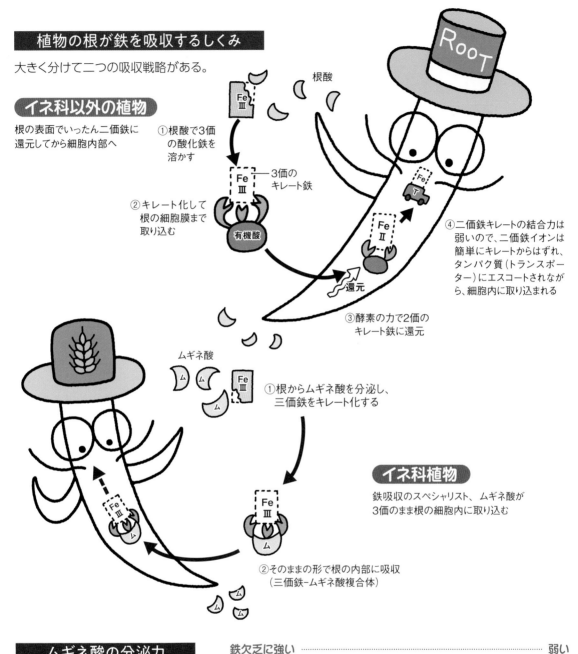

植物の根が鉄を吸収するしくみ

大きく分けて二つの吸収戦略がある。

イネ科以外の植物

根の表面でいったん二価鉄に還元してから細胞内部へ

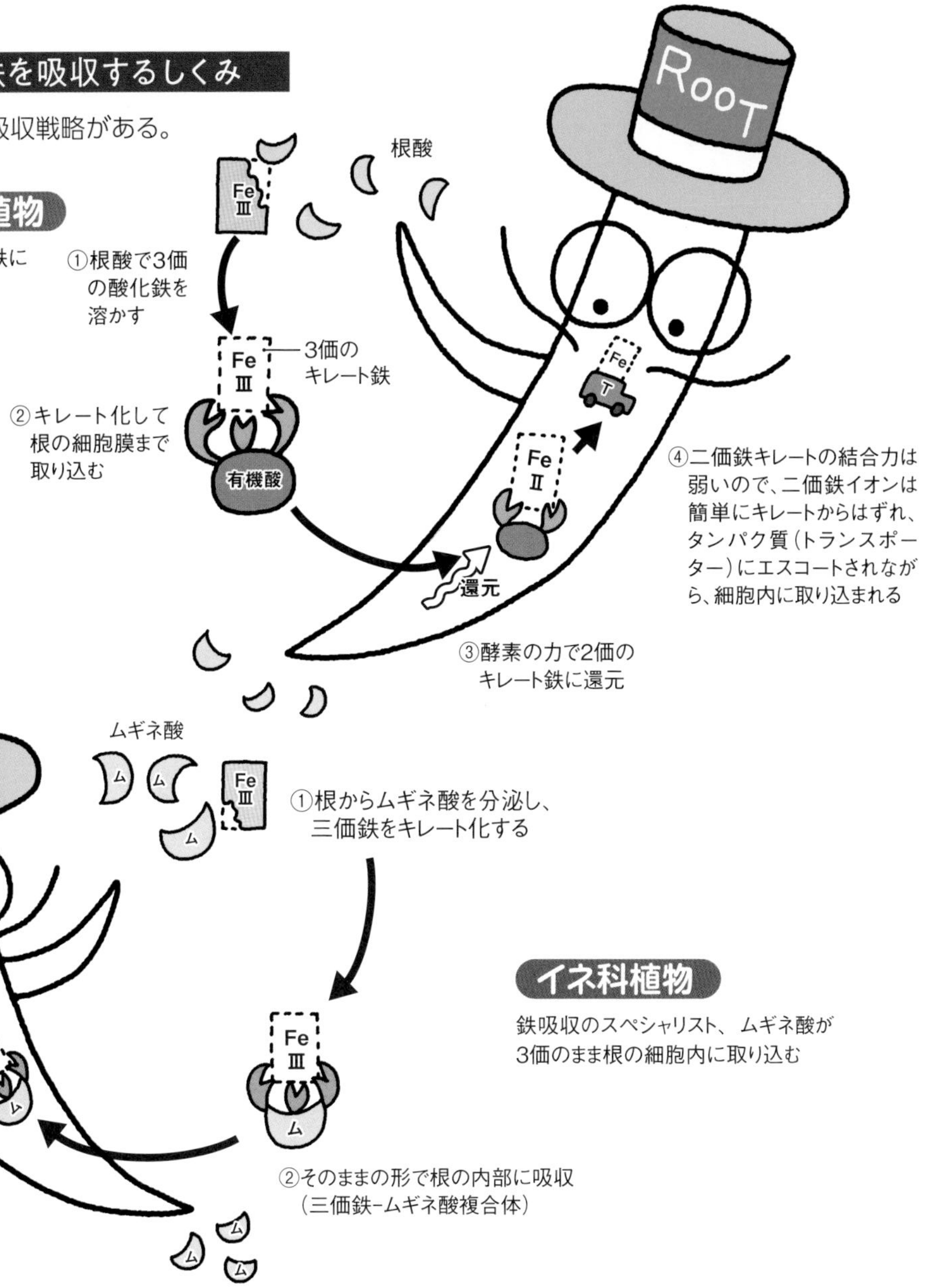

ROOT
根酸
Fe Ⅲ
①根酸で3価の酸化鉄を溶かす
3価のキレート鉄
②キレート化して根の細胞膜まで取り込む
有機酸

①根からムギネ酸を分泌し、三価鉄をキレート化する
②そのままの形で根の内部に吸収（三価鉄−ムギネ酸複合体）

イネ科植物

鉄吸収のスペシャリスト、ムギネ酸が3価のまま根の細胞内に取り込む

ムギネ酸の分泌力

ムギネ酸は夜間に合成され、夜明けとともにいっせいに分泌される。植物の種類によってムギネ酸の量と種類に違いがある。

＊イネの生育する湛水条件下では二価鉄が豊富にあるので、イネはムギネ酸をあまり必要としない

鉄欠乏に強い ………………………………… 弱い

大麦 ＞ 小麦・ライ麦 ＞ エンバク ≫ トウモロコシ ≫ ソルガム ≫ イネ

Fe Ⅱ
Fe T
④二価鉄キレートの結合力は弱いので、二価鉄イオンは簡単にキレートからはずれ、タンパク質（トランスポーター）にエスコートされながら、細胞内に取り込まれる
③酵素の力で2価のキレート鉄に還元

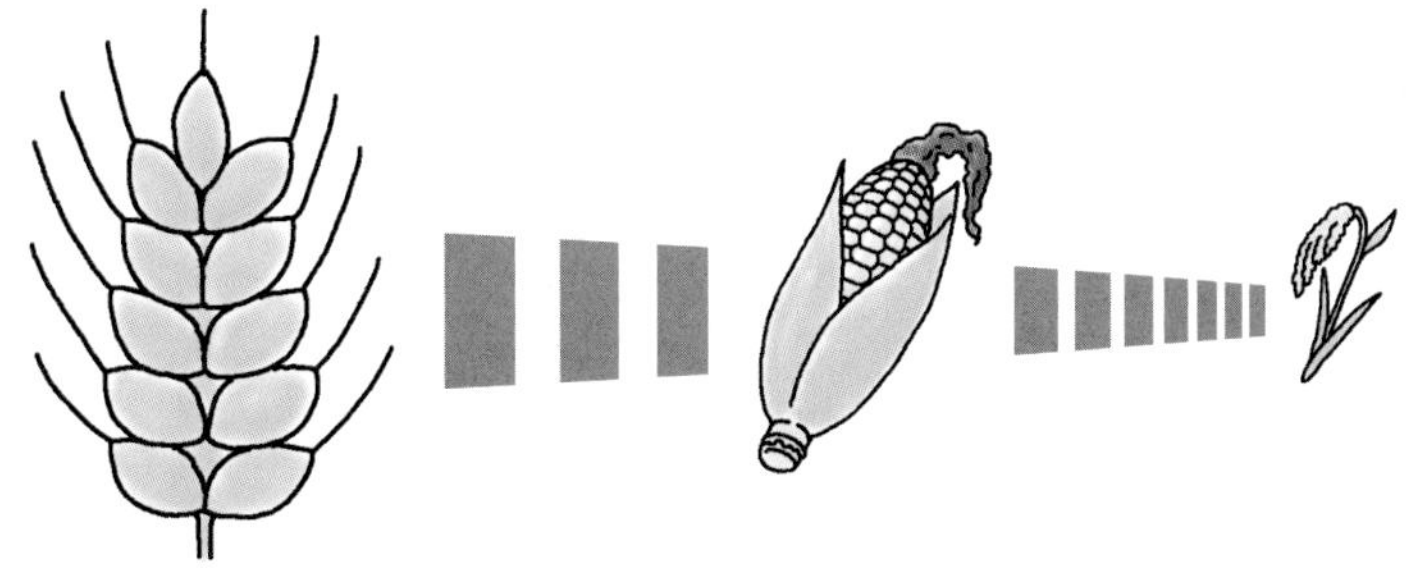

鉄分の多い地域を流れる用水路。鉄バクテリアが繁殖して真っ赤になっている（30ページ、吉川英雄さんの圃場の近くで撮影）

イネ科植物は鉄の吸収能力が高い

その後、イネ科以外の植物の場合は、一度根っこの表面にある酵素の働きで、3価を2価のキレート鉄に還元してから体内に取り入れます。タンニン鉄の場合は、透明な2価の状態でも、黒い3価の状態でも吸収のされやすさに違いはなさそうです。一般に二価鉄は吸収されやすいといわれますが、大事なことは中性の領域で水に溶けやすく、他の化学物質と反応を起こしにくい点です。例えば、キレート化されていない二価鉄の場合、水によく溶けますが、土中ではリン酸が待ち構えているので、すぐに固定されてしまいます。

もう一つ、イネ科植物の場合は、ムギネ酸という根酸を分泌します。これが土中にある3価の酸化鉄をキレート化し、3価の状態を保ったまま根っこから吸収する機構を持っています。なので、イネ科植物は高pH土壌でも鉄を吸収する能力が高いといわれているんです。

——水を入れた田んぼの土は還元状態にありますよね。鉄はどういう状態なんでしょうか？

イネは二重の鉄防御でガス害から根を守る

鉄が多い水田は、上のほうは赤サビ色ですが、下のほうは水の中で酸欠状態になるので、グレーとか黒っぽい色になります。鉄が2価に還元されたグライ土と呼ばれる状態ですね。

田んぼは二価鉄が濃い濃度で存在するので、イネは根から酸素を出して二価鉄を三価鉄に変えることで、鉄の過剰吸収から身を守っています（根の酸化力）。なので、活力の高いイネの根は赤い鉄のヨロイ（3価の酸化鉄）で覆われていますよね。これは毒性の強い硫化水素やメタンガスの害から根を守る働きをしています。と同時に、鉄が多い田んぼでは、鉄が硫化水素と反応して黒い硫化鉄になって沈殿します。鉄が二重に防御しているんですよね。

冬に油が浮いたような田んぼは鉄分が豊富

ただし、山の沢水からの鉄分供給が途絶えてしまうと、水の縦浸透とともにだんだん鉄が底に沈んで使えなくなったり、排水で流れてしまう。収支が狂って鉄の残高がなくなった田んぼが、老朽化水田です。硫化水素から根を守ることができず、秋落ちが激しいといわれていますよね。

水田に関しては、昔から鉄分循環が大事だと多くの人が気づいているようです。「冬に水が溜まって油が浮いているような田んぼは借りなさい」という人がいます。あれは油ではなく、鉄バクテリアが出した分泌物なんです。キレート化されていない鉄分だけを食べて元気に生きられるバクテリアで、繁殖すると水に油が浮いたように見える。鉄が多くていい田んぼを見分ける指標なんですね。

体の中で鉄はどうなる？

**人の体の中で鉄はどう働くのか？
京都大学の野中鉄也先生に聞いた。**

（まとめ＝編集部）

――現代人は鉄分が不足しているんでしょうか？

　貧血で悩んでいる人はとても多いですね。自然の鉄分循環がうまくいっていた昔の野菜と比べて、今の野菜は鉄分が不足しています。台所の調味料でも昔はミネラルが豊富な自然塩や粗糖が使われていましたが、今は精製塩・精製糖に変わった。鉄の調理器具も使わなくなりましたね。飽食の時代にもかかわらず、さまざまな要因でビタミン・ミネラル不足が起こっています。

　そこで、「鉄茶」と呼んでいるのですが、野菜と同様に、人間もお茶に鉄を反応させたタンニン鉄を摂取するのをおすすめしています。

――138ページの坂内さんは、最初「鉄茶」を飲んでいたけど、農繁期に貧血の症状が出てしまったようですが……。

代謝の上昇に 栄養補給が追い付かない

　坂内さんの体調が崩れたのは、タンパク質を摂らずに鉄だけとって、バランスを崩したからのようです。飲む人の栄養状態が悪いと、うまくいかないことがある。坂内さんに鉄茶をすすめた2年前は、私もそのことに気づいていなかった。「坂内さん、ごめんなさい」です。

――鉄茶が体調悪化を促進した面がある？

　はい。生き物の体の中には同化と異化と呼ばれる働きがあります（次ページの図）。例えば、いろんな栄養分を吸収して筋肉とかヘモグロビンとかのタンパク質を作るという作業が同化。で、それぞれが体の中で仕事をする。その後、筋肉組織やヘモグロビンにも寿命がくるので、これを廃棄する作業が異化。つまり、必要な栄養分を吸収して、体のパーツを作り、使用後はどんどん廃棄していくのが、同化と異化の流れです。元気で体調がいい人は、その流れが太いのですが、ちょっと疲れやすい、冷え性だという人はこの流れが細いんです。

　鉄茶を飲むと、同化、異化の流れが促進され、代謝が上がります。あとで詳しく説明しますが、鉄分補給が進むと細胞内のミトコンドリアの働きが活発になり、たくさんエネルギーを作ることができるようになる。

　すると、代謝が上がって冷え性が改善されたり、体が動きやすくなるんですが、もともと入ってくる栄養が少ない人の場合は、どこかの時点で釣り合わなくなり、バタッとくる。体がだるくなったり、朝起きれなくなったり。動けなくてグーも握れなくなった、なんて人もいます。

　栄養が足りている人なら、問題ないのですが……。

栄養不足の人が先に代謝を上げると……

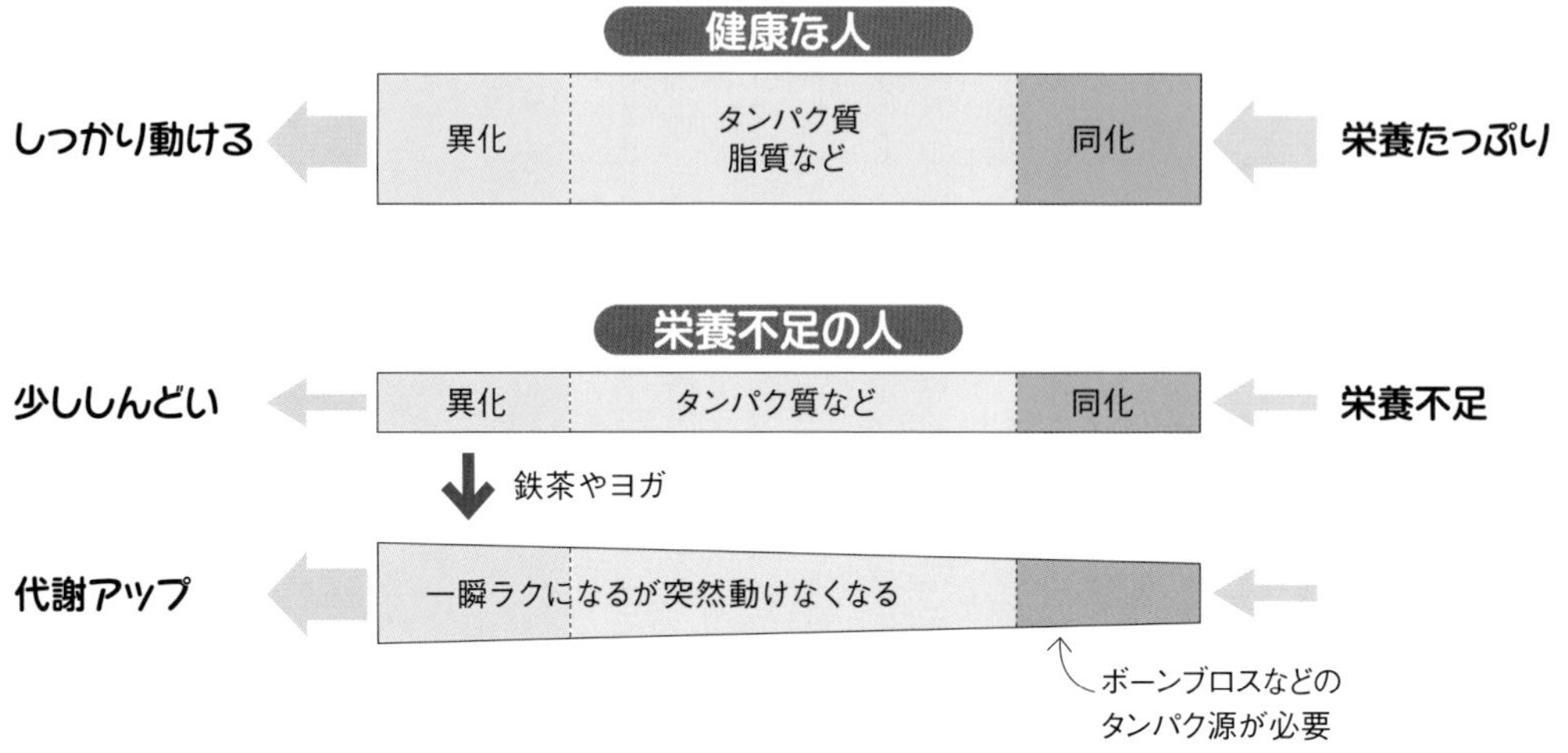

朝食のコーヒー代わりに ボーンブロススープ

――体力のない人が鉄分補給すると危険な場合がある、ということですか。

はい。酵素とか赤血球はタンパク質とミネラルの組み合わせでできているんで、両方同時に摂るのがコツです。ただし、栄養状態が悪い人の場合、いきなり肉を食べても体が受け付けずに下痢を起こすことがある。そこで、胃腸の負担の少ないアミノ酸の状態で吸収するのをおすすめしています。

例えば、骨の出汁をとった「ボーンブロススープ」。胃腸が整って体がラクになる。北米では朝のコーヒー代わりに飲む人もいて、ボーンブロススタンドが流行り始めているそうです。

そう思って世界中の回復食を見てみると、日本では出産後の母乳の出をよくするために、輪切りにした鯉をまるごと味噌で煮込んだ「鯉こく」がある。韓国ではニワトリと高麗ニンジン、もち米などを煮込んだ「参鶏湯《サムゲタン》」があります。

そうした食文化を見直しながら、体調回復ができるといいですよね。

コラーゲンが作れる体になる

栄養回復の順番としては、まずタンパク質（アミノ酸）を摂る。次に鉄、そしてビタミン類を摂るといい。それらが揃うと、コラーゲンが体の中でできるんですよ。実際にカサカサ肌がしっとりとなったり、洗い物による手荒れや爪割れが治ったりするのは（142ページ）、鉄とタンパク質とビタミンCが補給されて、コラーゲンをしっかり作れる体に変わってきたからだと思います。

髪の毛や皮膚、爪だけでなく、胃腸の粘膜もコラーゲンからできています。胃腸の調子が整うと、それまで以上にお肉や鉄茶をしっかりと受け付ける体になる。正のスパイラルができてくるんです。

――体が鉄を吸収するしくみはどうなっているんでしょう?

鉄が野菜のアクや苦みを消す

今、一般的に考えられている栄養素の鉄としては、２種類があります。一つは「ヘム鉄」で、動物質の肉や魚に含まれます。タンパク質のようなものにのっかっていて吸収率が高く、10～20％の鉄分が吸収されるといわれます。もう一つは、野菜や穀類、海藻類に含まれる「非ヘム鉄」で、こちらは吸収率が2～5％といわれています。鉄剤の多くも非ヘム鉄に分類され、こちらは鉄イオンの形で吸収されます（左図）。

――となると、タンニン鉄をまいて育てた鉄ミネラル野菜を食べても、鉄分はあまり吸収されない？

鉄分をたくさん吸収した野菜はちょっと違うと考えています。まず、みなさん「野菜の味が変わった」といいますよね。これは野菜が本来持っているアクが鉄と反応しているのだと思います。野菜のアクって、つまりタンニンですよね。野菜の中でタンニン鉄ができることで、アクや苦みを消してくれているのではないか。ちょっと、コーヒーで実験してみましょうか。ミネラルが苦み、渋みを消すのが体感できますよ。

小腸での鉄の吸収機構

ヘム鉄はイネ科植物、非ヘム鉄はイネ科以外の植物の鉄吸収機構に似ている（77ページ）。

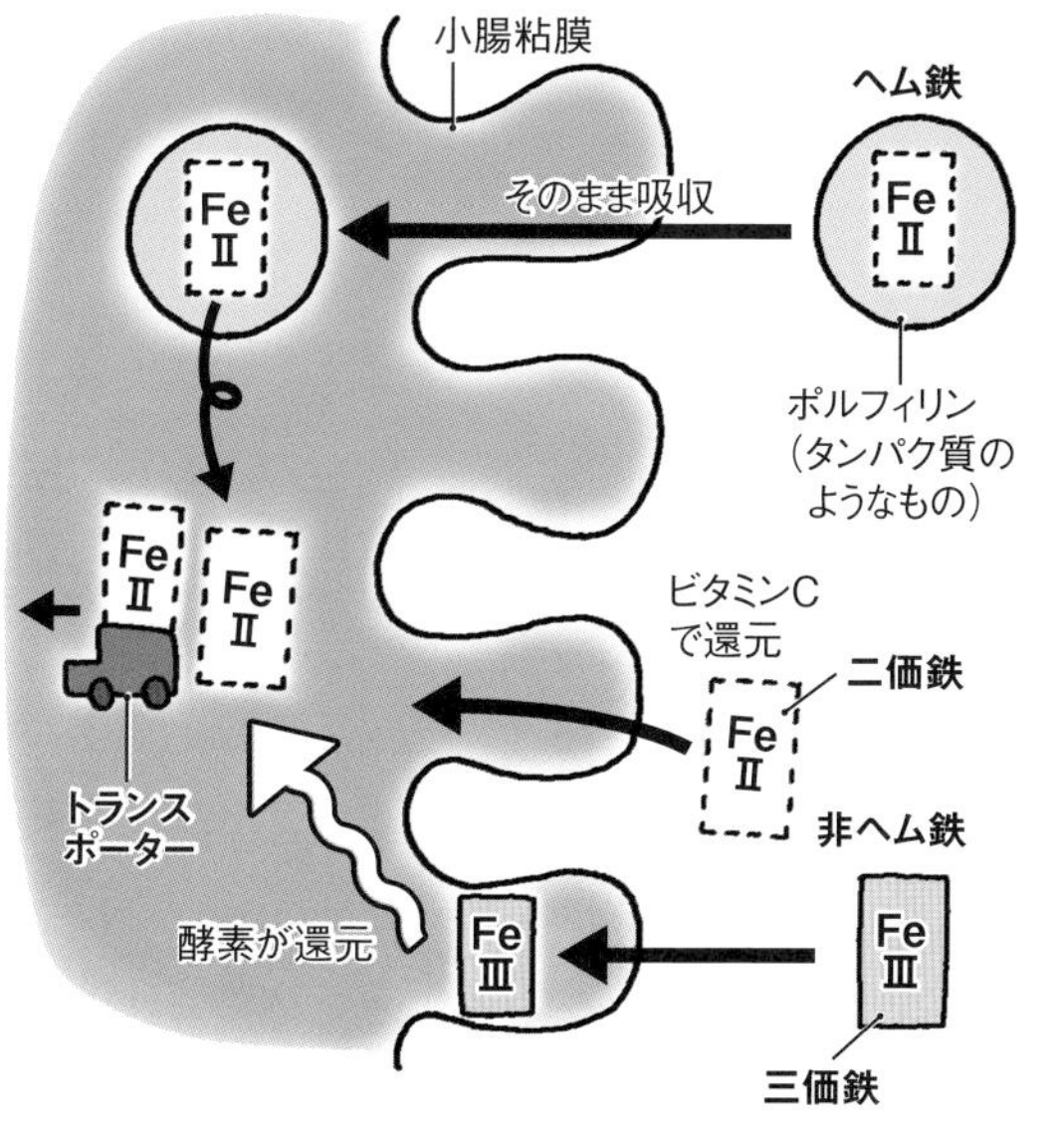

ヘム鉄は二価鉄がポルフィリンにのっかって小腸に吸収され、腸内で鉄だけはずされる。非ヘム鉄は2価または3価の鉄イオンで吸収、小腸粘膜の酵素で3価は2価に還元されたあと、トランスポーターにエスコートされて体内に運ばれる

ハチミツで コーヒーがすっきり味に

まず、このコーヒーを一口飲んでください。そのあと、耳かき半分くらいのハチミツを溶かします。少量なので、甘みはほとんど感じないはずですが、どうですか？

――あっ、苦みがとれて、すっきりした味になりました。コーヒーにはちょっと物足りないくらい。

ハチミツの中には鉄やミネラルが結構含まれているんです。これ、アカシアのハチミツで色は薄め。色の濃いソバやクリのハチミツと比べるとミネラルは少ないのですが、それでも結構変わるでしょ？　ハチミツに含まれる鉄やその他のミネラルが、コーヒーのタンニンと反応して苦みがとれたんです。

――これと同じことが野菜の中で起こってる？

おそらく。だから収穫前にかけただけで、野菜の味が劇的に変わる。そんな野菜を食べた人には、タンニン鉄がたくさん入る。タンニン鉄をはじめとするキレート鉄の吸収は、どちらかというとヘム鉄のように体に取り込まれるんじゃないかと私は考えています。

小腸の壁にへばりついて、鉄を渡す!?

医学的なエビデンスは何もありません。ちょっと飛躍しますが、想像を働かせてみてください。

草木染めで、色を固着させる媒染剤として鉄が使われますよね。布の素材としてはタンパク質系の絹糸でよく染まります。セルロース系の綿や麻は染まりにくいので、呉汁（豆腐のタンパク）に浸してから、タンニン鉄に浸けます。

ここから想像できるのは、タンニン鉄はタンパク質と馴染みがいいということです。小腸の壁も巨大なタンパク質の塊なんですよ。小腸にたどりついたタンニン鉄は、タンパク質の壁にへばりついて、そこから鉄だけを渡しているのではないか？　だから非常に吸収がいいのでは、と想像してます。

最近は鉄の錠剤の中でも、アミノ酸キレート鉄の錠剤があります。これはタンニン鉄と共通部分がある。キレート化されているので、体内で拒否反応を起こしにくく、そのわりに吸収されやすい。ただし、日本では認可されていません。アメリカで認可された並行輸入ものが出回ってます。

――体内に補給された鉄はどんな働きをするのでしょう？

ミトコンドリアでエネルギーを作り溜め

鉄分補給で代謝が高まるって話をしましたよね。そのしくみを説明します。ミトコンドリアって聞いたことはありますよね。人間の細胞の中にあるソラマメみたいな形をしたやつですが、これが一つの細胞に複数個あってエネルギーを作り出すんです。

エネルギー源といえば炭水化物や脂質ですが、人間も植物もそれを直接燃やしながら動くのではなくて、アデノシン三リン酸（ＡＴＰ）というエネルギーコインみたいなのを作り溜めして、それを必要なときに使って動くんですよ。

例えば、細胞内にエネルギーの元となるブドウ糖が1個コロンと入ってきたとする。すると、まず細胞質にある解糖系という糖質からエネルギーを作る回路に行きます。解糖系だけだったら、エネルギーコインは2個しかできません。これがミトコンドリアに入ると、人間の場合はまずＴＣＡ回路に行って、やっぱりエネルギーコインを2個獲得する。そして最後の電子伝達系では、エネルギーコインが34個もできるんです。パチンコの大当たりの穴に入った感じで、じゃらじゃら出てくる！

2価が3価の鉄になり、化学反応が進む

ミトコンドリアにあるＴＣＡ回路が動くためにはビタミンＢ群が必要。そして、電子伝達系には鉄分が必要です。2価の鉄が3価の鉄に変わるときに、電子を一つポンッて放り出しますよね。その電子を使って化学反応がダーッと起きていく。電子を放り出す担当者が酸化鉄なんです。2価が3価に、2価が3価に……ってずーっと連続して電子をポイポイと放り出す。その電子伝達を使ってエネルギーコインがどんどんできていくんです。

担当者の鉄くんがいないと、ミトコンドリアはあまり動かなくなる。解

ミトコンドリアによるエネルギー代謝で、 鉄が大活躍

細胞内にあるミトコンドリアは呼吸による代謝のメインエンジン。鉄はその働きを活性化させるキーパーソン！

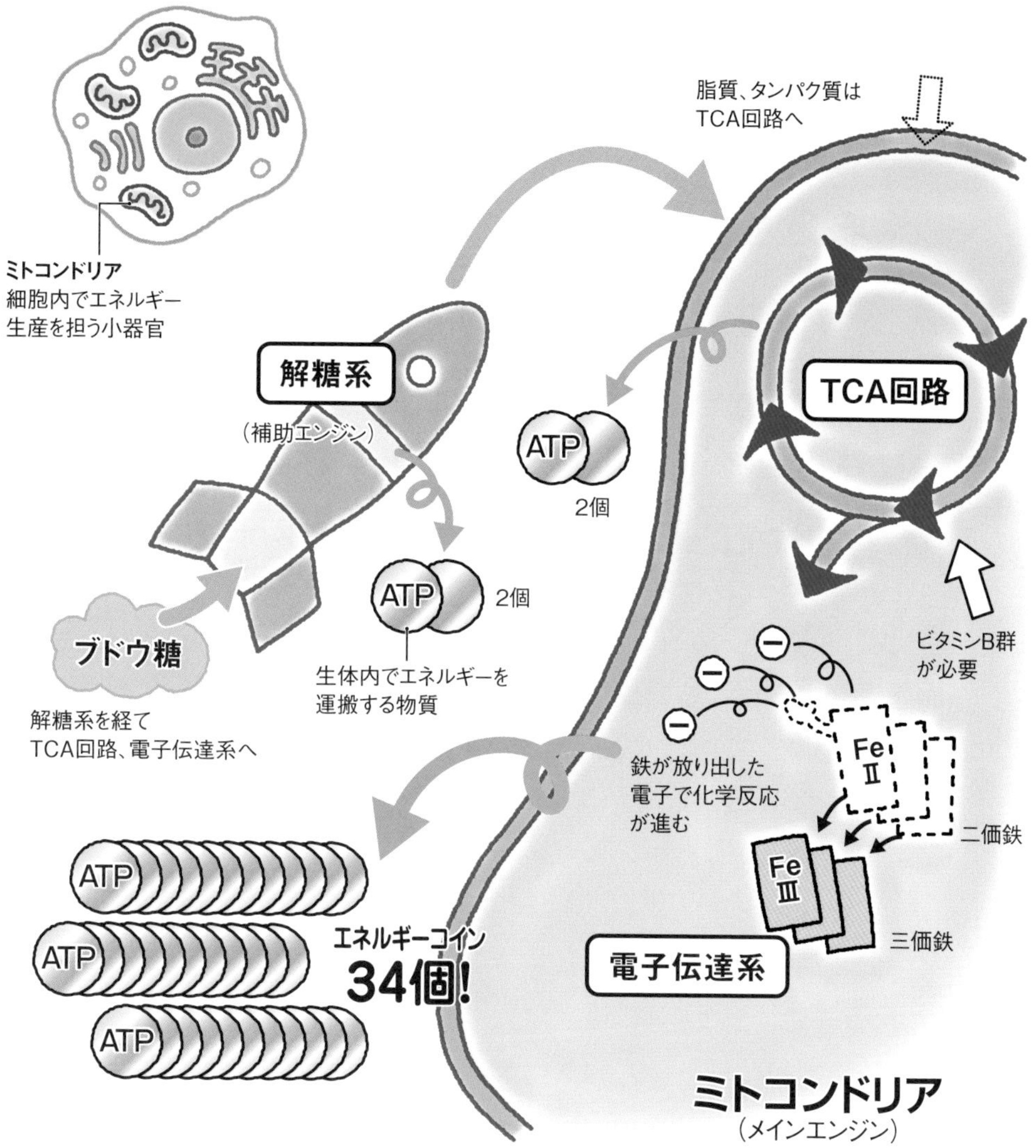

細胞質内にブドウ糖が1つ入ると、補助エンジンである解糖系にてエネルギーコイン（ATP）が2個作られる。次にミトコンドリア内のTCA回路（クエン酸回路）に送られて、さらにATP 2個、最後の電子伝達系では一気に34個ものATPが作られる

糖系とミトコンドリア系で計38個のエネルギーコインができるじゃないですか、でも解糖系しか動かないと2個しかできない。同じ栄養素を使ってもつくれるエネルギーがケタ違いになるんですよ。

——なるほど、鉄くん、めちゃくちゃ大事ですね！

ミトコンドリアが動けばきれいに痩せる

エネルギー代謝は、解糖系とミトコンドリア系の2段階あると覚えておいてください。補助エンジンとメインエンジンです。使い分けがあって、解糖系は100m走とか、ジムで大きな力を出すときに使う。短時間に大きなエネルギーを出すときは息をぐっと止めますよね。無酸素運動。アドレナリンがバーッと出るような、ストレス状態に近い。

それに対して、ミトコンドリア系はマラソンランナー。鼻で吸って口から息をはくような有酸素運動です。副交感神経支配といってリラックスしたときに働きやすい代謝で、ずっとストレス状態にある人は、なかなか動かない。

今、鉄分が不足してメインエンジンの動きが悪い人が多いんです。だから、栄養素はしっかり摂れていても、うまく燃焼できずにいる。でも、ここを動かしてやれば、案外きれいに痩せられますよ。

ミトコンドリアは赤血球以外の全細胞にあります。そして赤血球には鉄が含まれている。つまり、すべての細胞に鉄が必要です。一般的な健康診断では赤血球の数値しか出ませんが、詳しく見てくれる医療機関に行けば、血清フェリチン濃度として体全体の「貯蔵鉄」の量も診断できます。鉄が不足すると赤血球の前に貯蔵鉄から減るので、通常の健康診断では問題ないけど、じつは鉄が不足している人って結構いますよ。

植物もラクに、長く生きられる

——植物にとってもミトコンドリアの働きは重要ですよね？

もちろん。植物って基本的に自分が使うエネルギーを自分で作るじゃないですか。そのとき、鉄分がたっぷりある野菜は、同じ養分からたくさんのエネルギーが作れるので、低燃費で済むんです。ラクに生きられるし、余った分は糖度を上げたり、自分の体を大きくするのに回せる。だから、鉄ミネラル液で野菜の糖度が上がったり、寿命が延びたりする現象は、野菜がラクに生きられているからかな、と考えてます。

——ありがとうございます！　私もさっそく鉄茶を飲みたくなってきました。

タンニン鉄の作り方・使い方Q＆A

タンニン鉄（鉄ミネラル液）作りの疑問を、京都大学の野中鉄也先生に答えてもらった。

（まとめ＝編集部）

Q　鉄ミネラル液に使う水は水道水でも大丈夫？井戸水や沢水のほうがいい？

A　水道水はタンニン鉄作りに適しています。

水道水は塩素を含んでいるので心配かもしれませんが、茶葉を投入後に腐敗したりカビが繁殖するのを抑える効果が多少はあるので、むしろ適しています。もちろん、井戸水や沢水も使えます。

Q　鉄茶を作ってみたら、薄い膜が張ってきました……。

A　有機物が腐敗したのかも。タンニン鉄の効果に変わりはありません。

クズ茶、落ち葉などのタンニン素材の表面についた細かい有機物が浮いてきたり、クズ茶や落ち葉が発酵・腐敗して分泌されたものが膜を張ることもあります。水面でカビが繁殖することもあります。

嫌気性微生物が繁殖して腐敗すると、微生物が出す有機酸によって酸性の液体になるため、タンニン鉄が溶けて色が透明になることがあります。粒子が水に溶けただけなので、こまめに撹拌して酸素を送れば元の黒い色に戻りますよ。

撹拌すると酸素が供給されて嫌気性微生物が死滅します。ニオイも多少抑えられるでしょう。モミ酢液を入れるとニオイが消えた（52ページ）とのことですが、おそらくモミ酢に含まれるタール分がニオイを消したのと、酢の滅菌効果によるものかと思われます。その他の一般的な腐敗防止法もニオイ消しに有効ですので、いろいろ試してみてください。

なお、腐敗したり酸性で透明な液になってもタンニン鉄の組成に影響はなく、効果は変わりません。

Q　茶葉は入れ替えたほうがいいのですか？

A　タンニン鉄を使い切るまで入れっぱなしでも大丈夫。

ネットに入れた茶葉や鉄は、タンクに入れっぱなしでも大丈夫です。腐敗が気になる場合は液が黒くなったら取り出してください。茶葉は水切り・乾燥させておけば、2〜3回使えることもあります。

Q 鉄が真っ黒になっちゃった。タンニン鉄が溶け出なくなる？

A 金ダワシでこすってください。

繰り返し使っていると、表面にタンニン鉄の皮膜ができて、鉄が溶け出しにくくなります。液体が黒くならないと感じたら、鉄の表面を金ダワシなどで、こすって皮膜を剥がしてください。

Q 錆びた鉄は磨いてから入れたほうがいい？

A 磨く必要はありません。

赤サビはポロポロ剥がれやすいので、むしろタンニンと反応して黒く溶け出しやすい。そのまま使えばＯＫです。

Q 鉄材にもいろいろある。鉄以外の有害な重金属も溶け出て、危険では？

パックに入れたクズ茶が腐敗すると異臭の原因に。表面にカビも生えている

中の液体は透明だった。タンニン鉄が水に溶けた状態

ジョウロで何度もすくって酸素を送ると、液体が黒く変化（透明でも黒でもタンニン鉄の効果は同じ）

錆びた釘もそのまま使える

A 人体に影響のない鋳鉄製の調理器具を使うのがおすすめ。

タンニンとの反応で、どんな金属がどれくらい溶け出るか、一つひとつの確認はとれていません。有害かどうかの検証・議論に時間を費やすよりも、食べる人の誰もが納得できる安全な方法を模索したいと思います。

鉄の素材としておすすめしたいのは鋳物の調理器具です。最近は100円均一ショップなどで、「スキレット」と呼ばれる鋳鉄製のフライパンが200～300円で販売されています。調理器具として製造されているため、人体に悪影響を及ぼす心配はないと考えます。南部鉄器でお茶を淹れるのと同じです。

鋳鉄製の調理器具「スキレット」（編集部撮影）

また、鋳物は純鉄や鋼よりもタンニン鉄を作りやすい素材です。鉄と炭素の結晶構造の違いによるもので、鋳物は鉄が溶け出しやすい組み合わせとなっています。低コストでタンニン鉄が作りやすく、安全性も高い方法をおすすめします。

Q 原液で散布しても大丈夫？鉄過剰症になりませんか？

A 適正な使用量なら問題ありません。

タンニン鉄の使用は基本、1栽培期間に1度で十分です。生育期間の長い果菜類、マメ類などは、2、3回散布します。これだけでエグ味が少なくなり、甘みが増します。「そんなに少ない散布回数で効果が出るの？」と不思議に思われますが、そもそも鉄は大量に必要なミネラルではありません。ごく微量な濃度で十分なのです。自然界の鉄循環が途切れているため、ごく微量に必要な鉄が足りていない。とはいえ、土中には動きにくい酸化鉄が存在するので、植物は根酸を出して、鉄欠乏症状が出ない程度には鉄を吸っている。これが日本の畑の実情です。

タンニン鉄は色が黒いので「原液だと濃いのでは？」とも思われますが、溶け出ている鉄の量はごく微量です。適切に散布している限りは、過剰症が起きることは考えにくく、今まで鉄ミネラル栽培で過剰症が出たという報告はありません。

Q 農薬散布時に1000倍で散布しても効果はある？

A 希釈倍率は10倍程度が上限。

1000倍に薄めた時の効果は確認できていません。10倍程度が上限だと考えています。タンニン鉄の特徴は種々の化学物質や肥料成分と反応しにくいことです。キレート化されているため、鉄イオンとして溶け出しにくく、安定しています。

農薬散布時に効かせるなら、大量に作った鉄ミネラル液に農薬を投入するほうがよいと思います。念のため、ペ

ツルムラサキの株元にタンニン鉄を補給。基本1作物1回の散布だけでも、エグ味が消えて旨みがのる

ットボトルに鉄ミネラル液を入れて、規定の倍率になるよう農薬を混ぜ、沈殿しないかどうかなどを確かめるとよいでしょう。

Q 定植直後に原液をかけたら、生育が遅れた……。

A 鉄と反応していないタンニンが生育障害を与えることもある。

　タンニンはフェノール酸の一種です。フェノール酸は植物の生育障害を起こすことが知られています。液を作る期間が短いと鉄と反応していないタンニンが多く残ることがあり、それを定植直後に散布すると苗が弱ったりします。液体が黒くなったのを確認した上で、苗がある程度生長してから散布するのが安全でしょう。

　一方、理由は不明ですが、タンニン鉄は徒長を防ぐ効果もあるようです。初期はスローペースで生育不良に見えますが、途中からしっかり育つことも多くあります（35ページ）。

Q タンニン鉄をかけたら雑草まみれになっちゃいました。

A 雑草の生育もよくなる。除草効果を上げる裏ワザもある。

　当然、植物である雑草の生育もよくなります。除草の手間を減らす意味でも、ウネ間ではなく、株元に散布したほうがいいでしょう。

　裏ワザ的ですが、定植前に散布し、あらかじめ雑草を生やしてから除草し、土中の種子量を減らしつつ、草マルチにも使う方法があります。田んぼでは、洗濯ネットにクズ茶と鉄を入れて水口に置いておくとタンニン鉄が広がりますが（14、23ページ）、これを入水時から仕込んでおけば、代かき後に草が勢いよく生えてきます。3回代かきで除草剤なしの無肥料無農薬栽培を実現している人もいます。

定植直後にタンニン鉄を補給したキュウリの株（左）は初期生育が劣るように見えたが、子づる、孫づるの本数が多く収量は3割増しに育った（35ページ。写真提供：青谷悟志）

タンニン鉄をまくと、土や植物に何が起こる？

微生物の酵素が強力に

鉄ミネラル栽培を続けると、「土がコロコロになった」「団粒構造が発達した」と皆さんいわれます。なぜかというと、ミネラルは微生物の活動に必要な酵素の材料だからです。酵素は生命を維持するために、分解や合成を担当する「ミニ化学工場」のような存在です。酵素はタンパク質でできていますが、それだけでは化学反応を起こす力が弱いため、化学反応の触媒として利用するために金属（ミネラル）を取り込んでいるのです。

ミネラルがあれば、微生物は酵素を出して土中の有機物をどんどん分解・合成して増殖できます。そのときに出る粘り気のある分泌物が団粒構造を作ります。団粒でできたマクロやミクロのスキマは微生物にとって居心地よく、ますます団粒が発達する。つまり、団粒は「微生物マンション」みたいなものなんです。

農業の世界では、なにかと微生物資材を入れようとしますが、そもそも土にミネラルが乏しければ、せっかく微生物を入れても繁殖できない。それよりも、ミネラル循環させてやるほうが有効だと思います。

鉄は葉緑素の製造ラインの部品

葉緑素を合成するには鉄が必要ですが、鉄はその材料に使われるわけではありません。

葉緑素の中心は1個の苦土（マグネシウム）と4個のチッソです。その葉緑素を作る過程で、さまざまな「半製品」のような成分が酵素の働きで作られます。イメージとしては、長い長いドミノ倒しの最後に「製品」となる葉緑素ができる感じ。

注目したいのは、鉄がその原料や製品の材料ではなく、製品を作る工場の「製造ライン」（酵素）の大事な部品だということです。一方で、苦土は製品の材料。苦土をたくさん投入したとしても、製造ラインの動きが鈍ければ、製品はなかなかできませんよね。でも、いったんラインが動き出せば、材料（苦土）はどんどん根っこが吸い上げ、製品（葉緑素）を盛んに合成していくのです。たった1回散布したタンニン鉄で、植物の光合成能力がよくなり、肥料の吸い上げがよくなるのは、工場ラインがしっかり稼働したからです。

鉄でアミノ酸合成も活発に

また、植物が吸い上げた硝酸態チッソをアンモニアに合成する酵素にも鉄が関わっています。つまり、アミノ酸やタンパク質の合成も活発になります。葉物野菜のアミノ酸値が上がったり（26ページ）、キュウリの側枝が勢いよく発生した（35ページ）のは、その辺に理由がありそうです。庭でバラを育てる方は、タンニン鉄をやると

鉄は葉緑素工場のラインで働く

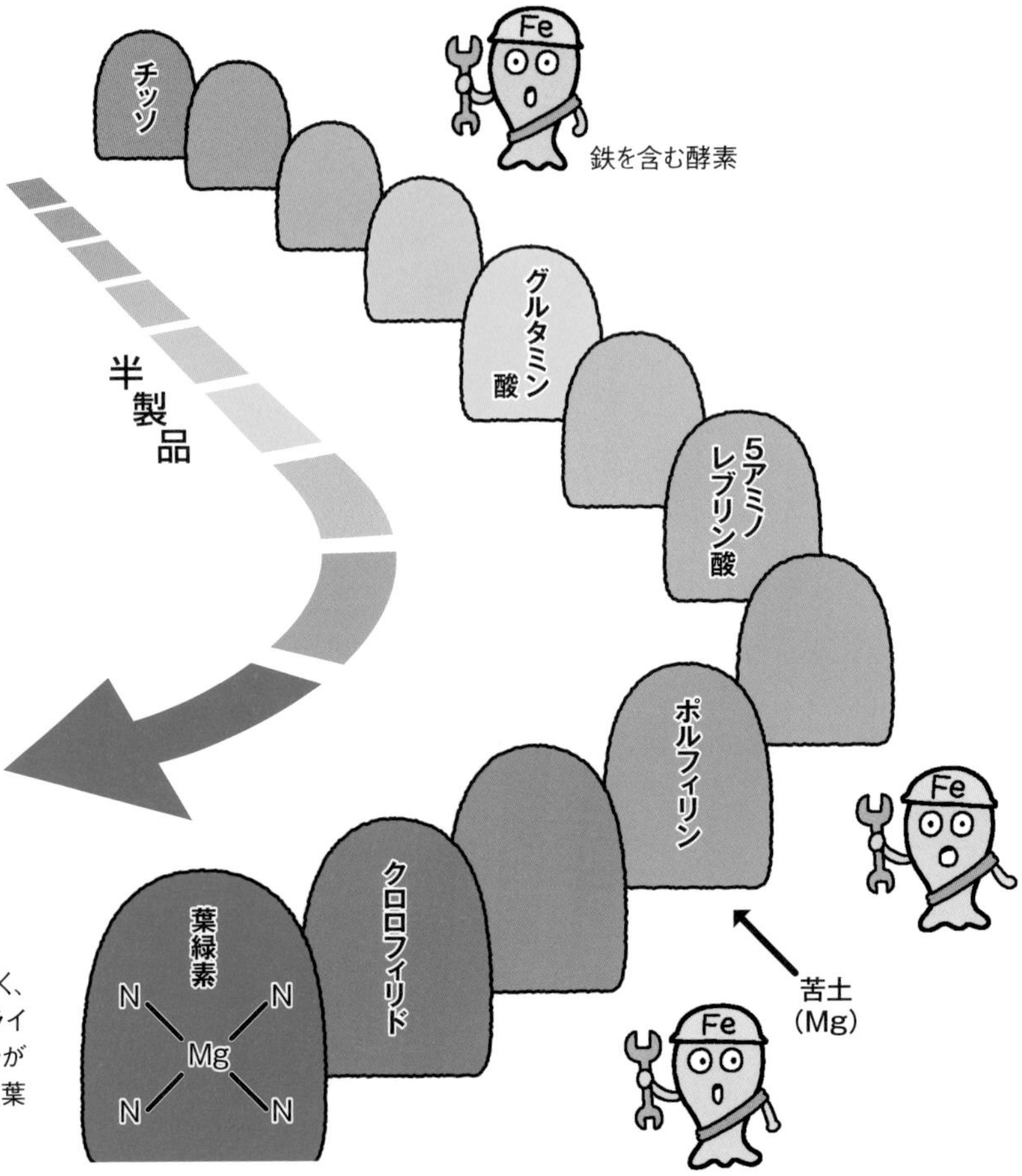

鉄は葉緑素の材料ではなく、葉緑素を作る工場の製造ラインで働く大事な部品。ラインが順調に稼働すれば、製品（葉緑素）はどんどんできる

「花付きがよくなる」といいます。タンパクを合成する能力が上がり、新芽や花芽の形成も促進されるのかもしれません。

鉄茶は栄養バランスもよい

タンニン鉄で水草（マツモ）を育てる実験（63ページ）はおもしろいですね。葉緑素の合成が促進されて大きく育ったのでしょう。クヌギの落ち葉にはタンニンが多いといわれるので、濃いタンニンが出て、とくによく伸びたのかも？　ただ、茶葉にはタンニンだけでなくチッソやリン酸も微量に含まれるので、クヌギの落ち葉のタンニン鉄と比べてバランスよく生長したように思います。鉄茶は非常にバランスのよいタンニン鉄資材なんですよね。

（談）

タンニン鉄で火山灰土の リン酸が効きやすくなる

「カナケが多いと野菜が育たない」

畑や自然環境で鉄を使う場合、「鉄が水に溶けるか」「植物に吸収されやすい鉄か」だけでなく、リンとの関係を考える必要がある。不用意に圃場に鉄をまくと、野菜の生育がおかしくなることもあり、「カナケ（鉄分）の多い地下水をまくと野菜が育たない」という農家も多い。

鉄は肥料成分のリンと容易に化学反応を起こし、ほとんど水に溶けない物質（リン酸鉄）に変わってしまう。鉄もリンもあるのに使えない状態である。逆に必要以上にリン酸資材をまくと、鉄分が使えない鉄欠乏状態になる。新葉から黄白化するので、欠乏症状であるにもかかわらず、「肥料焼け」と呼ぶ地域もある。

それ以外に、土壌にアルミニウムや鉄が多い黒ボク土などの火山灰土壌では、リンがすぐにアルミや鉄と反応して使えなくなる「リン吸収」を起こす。カナケの多い水をまくのと同様でリンが効きにくくなるため、野菜がうまく育たないと考えられる。

猪苗代湖の透明な水と貧栄養化

自然界の鉄分循環も同じ原理が当てはまる。

例えば、福島県の猪苗代湖は透明度が高いことで有名であるが、それは鉄分と深い関係がある。周辺には火山が多く、かつての鉱山からの地下水の影響などで、強い酸性の水が流れている川がある。

鉄分は、中性、弱アルカリ性では溶けにくいが、酸性の水にはよく溶ける。したがって、猪苗代湖には多量の鉄分が溶けた水が流れ込む。すると、鉄分がリンと反応して沈む「貧栄養化」が起きる。リンが少ないため、水草や藻も繁殖せず、生き物が育たなくなる。その結果、透明度も高くなる。

生活排水に含まれるリンが過剰になると「富栄養化」が起き、アオコなどが過剰繁殖する。それを改善するために、鉄を溶かしてリンを沈める製品もある。貧栄養状態を作り出し、水環境を改善するのである。ただし、水の透明度は上がるが、生き物がすめない「死の世界」が作られる。総じて、鉄は生き物を育てるどころか、育たない環境を作る。ここが難しいところである。

キレート鉄は水中で鉄イオンを放出しない

この問題を一番よく理解しているのは、水耕栽培用鉄資材の開発者かもしれない。植物にとって、鉄は必須ミネラルであり、水耕栽培液には必ず鉄を入れる必要がある。当然リンも入っている。したがって、硫酸鉄など水に溶ける鉄資材を使うとすぐにリンと反応し沈殿してしまう。結局、水中で鉄イオンを放出しない「キレート鉄」を使

猪苗代湖の水質と鉄分の関係

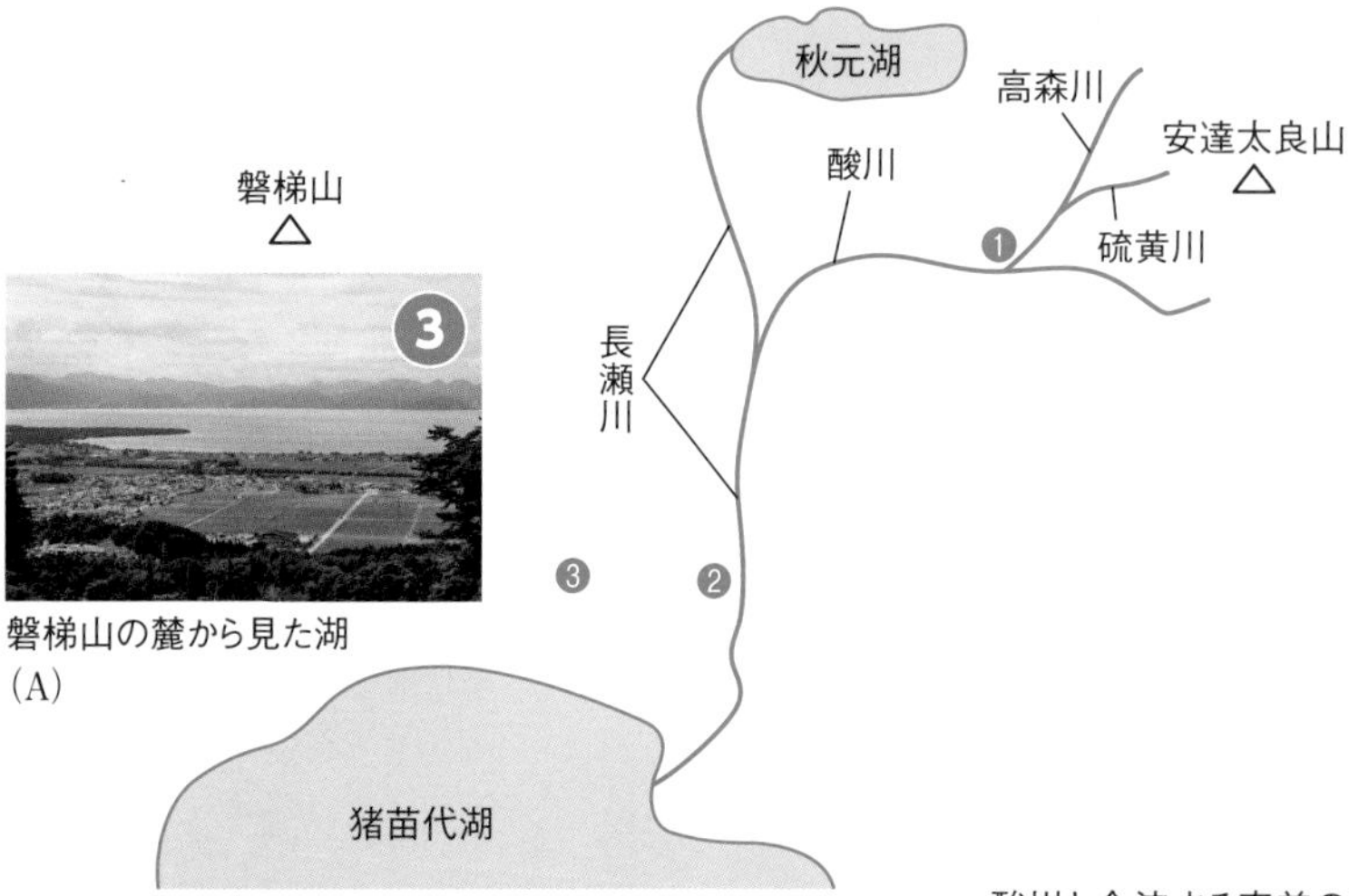

磐梯山の麓から見た湖（A）

硫黄鉱山のあった安達太良山からは強酸性（pH2程度）で鉄分が豊富に溶けた酸川《すかわ》などが流れる。これが長瀬川（pH7程度）と合流するとpHが上昇し、一部不溶化した鉄が沈殿。それでもpH4程度の強酸性のまま猪苗代湖に流れ込むため、水中の鉄イオンが湖のリンと結合して湖底に沈む。その結果、透明度の高い湖水となる。

酸川と合流する直前の高森川。透明の水だが、強酸性で多くの鉄分が溶けている（赤松富仁撮影、以下Aも）

❷ 長瀬川と合流するとpHが上がり、鉄分が不溶化する。川底が真っ赤に染まるが水は透明なまま（A）

用する必要があることがわかる。具体的には、ＥＤＴＡ（エチレンジアミン四酢酸）鉄などが使われている。

　なお、キレートとはギリシャ語で「カニのハサミ」を意味し、吸収されにくい養分をアミノ酸や有機酸によってカニバサミのようにはさみ込んで吸収しやすい形に変えたり、有害物質を無害化したりする現象である。

　圃場で使う鉄も同様の性質、つまり水の中で鉄イオンを放出しない鉄化合物（キレート鉄）を使う必要がある。タンニン鉄もその一つであり、同様の性質を有している。タンニン鉄が植物によく吸収されることは、植物の生長や野菜の味が変わることで確認できる。

「水の中で鉄イオンを放出しない」「植物によく吸収される」。この二つの条件を同時に満たす鉄化合物は非常に少なく、キレート鉄であれば、すべてこの条件を満たすかどうかは不明である。水に鉄イオンが溶け出すことが特徴である二価鉄は、この条件を満たさない。

タンニンがリン酸鉄を引き離す

　ここで、兵庫県・神鍋高原の巨大化したレタス（32ページ）を思い出してほしい。生育中の結球レタスの一部にタンニン鉄をまいたところ、大きさは倍以上、葉は肉厚で軟らかく、食味もよくなったという。この現象を作物に吸収された鉄分の効果だけで説明するのは難しい。そこで土質に注目すると、神鍋高原は火山灰土壌であり、リン吸収が起きやすい土壌であった。

　以前、農家からリン肥料の使い過ぎによる「肥料焼け」（鉄欠乏症）の話を聞いた際、タンニンでこれを回復できるかもしれないと想像した。タンニンは鉄と反応しやすいから、リン酸鉄として固定された鉄を引き離す力もある。自由になったリンは肥料として再生し、植物に吸収される。

火山灰土壌の神鍋高原で、タンニン鉄を散布した畑のレタス（右）と散布していない畑のレタス。どちらも外葉を2枚ほどむいた状態（写真提供：由良大）

　神鍋高原の巨大化したレタスを見たとき、同じようなことが起きていると感じた。タンニン鉄の液体中に含まれるタンニンは、１００％鉄と反応しているわけではない。反応せずにタンニンのままの状態でも残っている。タンニン鉄を火山灰土壌にまくと、残っているタンニンがリン酸鉄の鉄を引き離し、リンが解放される。そうして、レタスが巨大化したと考えられる。レタスはリン酸施用効果が高い作物である。

タンニン資材を直接まくと生育障害を起こすことも

　この効果を簡単な化学実験で確認した。水を注いだリン酸鉄と、お茶を注いだリン酸鉄を試験管に入れ、それぞれ1分間ほど手で強く振った。その後、24時間放置し、上澄みに溶け出したリンと鉄を測定した。

　その結果が次ページの表である。水のみでは、リンも鉄もほとんど溶け出さなかったが、お茶には多く溶け出している。リン酸アルミニウムに関しても同様の結果が得られた。

　茶葉やコーヒー粕といったタンニン資材を直接圃場に散布するとこの効果

が期待できそうだが、タンニン単独だと、植物の生育障害を引き起こしてしまう。あらかじめ鉄と反応させたタンニン鉄を使うことは、生育障害を弱める効果もある。タンニン鉄は鉄分を供給するだけでなく、鉄やアルミニウムに固定されたリンを再生させること、タンニンによる生育障害を弱めるなど、多機能な効果を発揮する資材である。

　ここで、振り出しに戻ると、健全な森から流れ出す沢水には、落ち葉や腐葉土から浸み出たタンニンが含まれる。これが畑のリン酸や鉄を有効化する働きをしてきたと想像できる。

刈り敷きでタンニンを田畑に補給していた？

　ところで、昔のお茶農家は秋口にカヤを刈って、茶畑に敷き詰めていたという。刈り敷きといって、青刈りの草や樹木の小枝を圃場に敷き詰める技術が使われていたのである。

　また、オオクワガタ愛好家は「台場クヌギ」という変な形に切られたクヌギを探すと、オオクワガタが見つかることを知っている。その変な形のクヌギは何だろうと調べると、刈り敷きに出合う。地上1～2mの高さでクヌギの幹を切り、春に伸びた軟らかくて細い枝や葉を刈り取って、水田にすき込んだり、畑に敷いたりする。

　通常、刈り敷きは緑肥、つまり肥料分として畑にすき込まれていたと考えられるが、じつはタンニンを補給していたのではないかという指摘もある。若い枝は病害虫から身を守るためにタンニンを多く含む。鉄分の多い土地にこれを投入すると、タンニンによって鉄もリン酸も有効化され、土壌の劣化を防ぐ効果もあったと想像できる。日本の伝統農法は、極めて持続可能性が高かったといえるだろう。台場クヌギや刈り敷きの利用は、全国各地の畑や水田でみられるのである。

リン酸鉄、リン酸アルミニウム溶出試験

分析項目		単位 mg / ℓ
お茶	リン酸（P_2O_5）	11.0
	鉄（Fe）	＜0.3*
▼リン酸鉄		
水抽出	リン酸	53.0
	鉄	＜0.3*
お茶抽出	リン酸	96.0
	鉄	17.9
▼リン酸アルミニウム		
水抽出	リン酸	8.9
	アルミニウム（Al）	0.5
お茶抽出	リン酸	20.0
	アルミニウム	4.4

リン酸鉄、リン酸アルミニウムの試薬をそれぞれ水とお茶に浸けて抽出した成分値。お茶で抽出するとリン酸も鉄もアルミニウムも数値が高くなった。伊藤園の「お～いお茶 濃い茶」（リン酸11mg / ℓ含む）を使用
＊検出限界の0.3mgを下回った

台場クヌギ。萌芽更新を繰り返すことで、刈り残した株元が台のように太くなる。刈り跡が腐朽して空洞になった部分がクワガタの産卵床となる（『季刊地域』42号「雑木とスギの知られざる値打ち」も参照）（伊藤雄大撮影）

第4章

もっと広がる鉄の利用

鉄散布区と鉄欠乏区でのイネの生育の違い（写真提供：堀野俊郎）

西日本で拡大中

鉄散布で根腐れなし！

島根県飯南町●堀野俊郎さん

コシヒカリ。鉄欠亡区のイネは下葉枯れや根腐れが起こっているが、鉄散布区は生育旺盛

糸魚川－静岡構造線（いわゆるフォッサマグナ）を境にして西日本の田んぼは鉄が不足しているのではないか？『現代農業』２０１４年10月号、２０１５年３月号にて紹介し、大きな反響を呼んだ水田への鉄散布。問題提起していただいた稲作農家兼研究者の堀野俊郎先生に、実際の散布作業のようすなどをうかがった。

2年ごとに60kg程度散布

堀野先生の暮らす島根県飯南町では、町ぐるみで土壌診断が行なわれた結果、各圃場で軒並み鉄不足が明らかになった。特別栽培米の生産を推進する町、ＪＡ、指導機関の熱意に応え、２０１３年以降、町内の生産者たちは毎年１００haほどの圃場で鉄散布を実施しているそうだ（町内の全圃場は約６００ha）。

土壌診断における酸化鉄の推奨値は約１・５％（10ａ当たりに変換すると約１・５ｔ）で、実際の結果は０・５ｔ以下の圃場がほとんどだ。つまり、反当１ｔも足りないことになる。一方、現在行なわれている標準的な散布量は、２年に１回反当60kg程度。そのうち半分程度は地下へ流れてしまうので、１ｔ入れるなら60年以上続ける計算である。

とにかく、「入れすぎや蓄積の問題はないので、まず、土壌診断をして酸化鉄が１％（10ａ当１ｔ）以下であれば、コストの許す範囲で入れるとよい」と堀野先生は言う。

散布された鉄分は、土中で少しずつ水に溶けて沈んでいく。溶けた鉄は硫黄と結びついて硫化鉄となり、イネの根を傷める硫化水素の発生を妨げる。すると、根の張り具合が格段によくなるそうだ。根腐れが止まり、イモチが

鉄散布の現場を拝見

フレコンバッグ内の鉄資材をブロードキャスタに投入

ブロードキャスタ内にソフトボールを入れて、散布時の目詰まりを防ぐ

資材によってはそれでも目詰まりするので、１人が作業機の脇に乗り、運転中もときどき棒でかき混ぜる

姿を消して、整粒歩合や千粒重が見違えるほどよくなるという。

副成分を考慮して資材選び

飯南町で使われている鉄資材は、大きく分けると2種類ある。99％が鉄の純鉄粉と、25〜40％が鉄で、その他ケイ酸やカルシウムなどの副資材が入った資材である。土壌診断結果でケイ酸などが十分な圃場では前者を使い、そうでない場合は副成分の含有量や値段を考慮しつつ、後者の中から選んで使うとよい。

ちなみに、飯南町では、農事組合法人眞栄グループと田村農園とが、鉄散布の作業を一手に引き受けている。鉄は重く扱いが大変である。専門業者の存在も鉄散布の広まりを後押しする力となっているのだろう。

飯南町で主に使用される鉄資材

- **純鉄粉**　鉄99％、15kg 2000円、200kg 2万5200円（問い合わせ先：TEL080-2949-8192、㈱ マルサン・白根）
- **ケイ酸鉄**　鉄40％、ケイ酸25％、石灰24％
- **ミネテツエース**　鉄25％、石灰36％、ケイ酸12％程度、20kgと200kgあり（中国・北九州の10県で販売、JAにて取り扱い）

糸魚川―静岡構造線より東は北米プレート、西はユーラシアプレートに属しており、鉄の含有量に大きな差がある。こと鉄に関しては「（東と西で）外国に行くくらいの違い」と堀野先生

99％鉄の純鉄粉なら

散布量が減ってラク

広島県三原市● 近廣紀考《のりたか》さん

ガスわきで坊主頭のような根

10年ほど前に化学肥料を止めて鶏糞主体の栽培に切り替えた近廣紀考さんも、「鉄に注力している」という。きっかけは7年ほど前に起こった激しいガスわき。未熟で「目まいがするほど臭う鶏糞を使った」ことが原因だ（現在は完熟発酵鶏糞を使用）。イネを引っこ抜くと、根は腐ってとろけており、残ったのは坊主頭のようにチョロチョロと生えただけの短い根。「なんとかしなければ」と思って、翌年から使い始めたのが鉄資材だった。

鉄が6％とケイ酸などが入った資材を反当20kg（鉄1・2kg）入れた。側条施肥機にセットし、移植時の根回りをねらって散布……。すると、効果はすぐに現われた。同じ業者の鶏糞を使ったのに、ガスわきも減り、ガッチリとした白い根が張っている。登熟期にはほどよく葉色がさめていく。「マグネシウムやケイ酸の吸収効率も高くなっているな」と感じた。なんと、その年の食味分析鑑定コンクールで入賞するほどのできだったとか。

粒剤散布機で耕耘時に散布

以来、毎年同様に鉄資材を入れてきたが、昨年は『現代農業』の記事を参考に、純鉄粉を使ったそうだ。鉄は比重が重く、側条施肥機の部品が何度か破損したこともあり、今回はトラクタの作業機（パワーハロー）に粒剤散布機を取り付けて、砕土と同時に散布した。反当5kg程度だが、「毎年投入しているので、このくらいでもガスわきもなく、根の伸長も順調。生育期間中に引き抜いたら、大量の土を抱え込んでいた」という。

純鉄粉は、鉄の含有率が99％と高純度なので、同じ量の鉄を入れるにも、体積が少なくて済む。労力とコストを減らせる点も魅力だ。

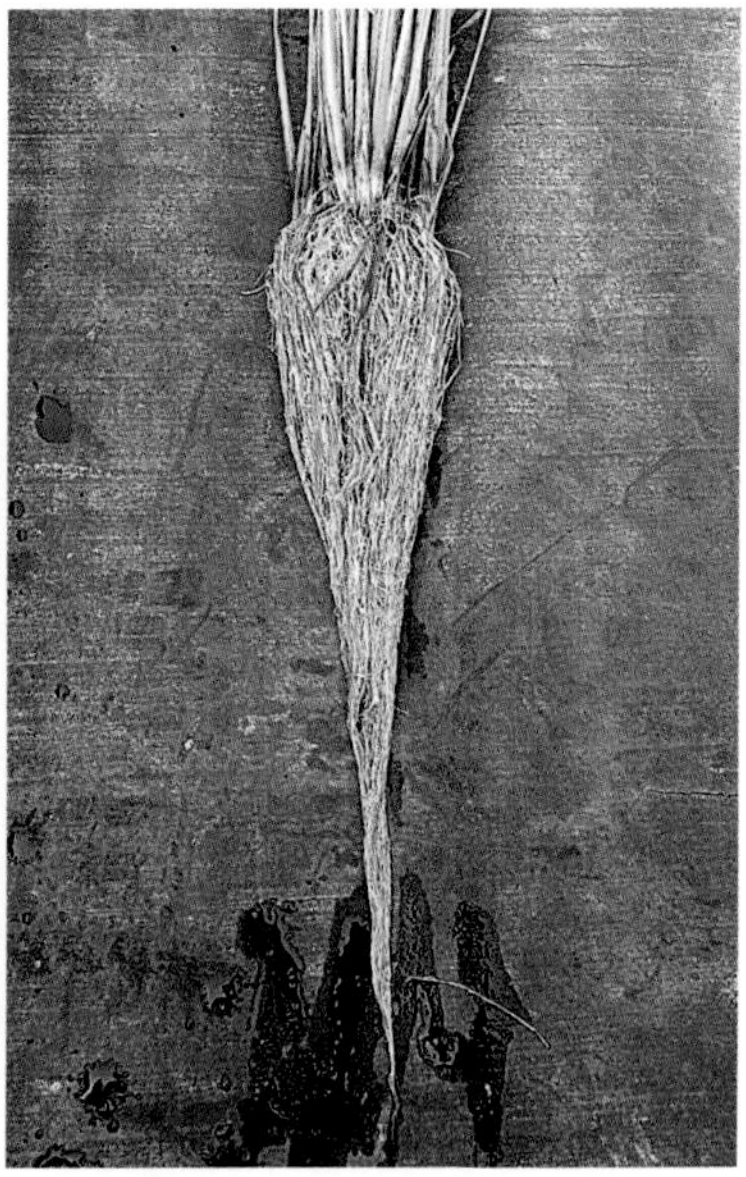

出穂時期に抜いた株。コシヒカリと同じ浅根性品種のミルキークイーンだが、大量の土を抱え込んでいる。根の長さは38cmあった（右写真）

鉄は田んぼのガスわき・根腐れを防ぐ

●編集部

水田中での硫黄の動態

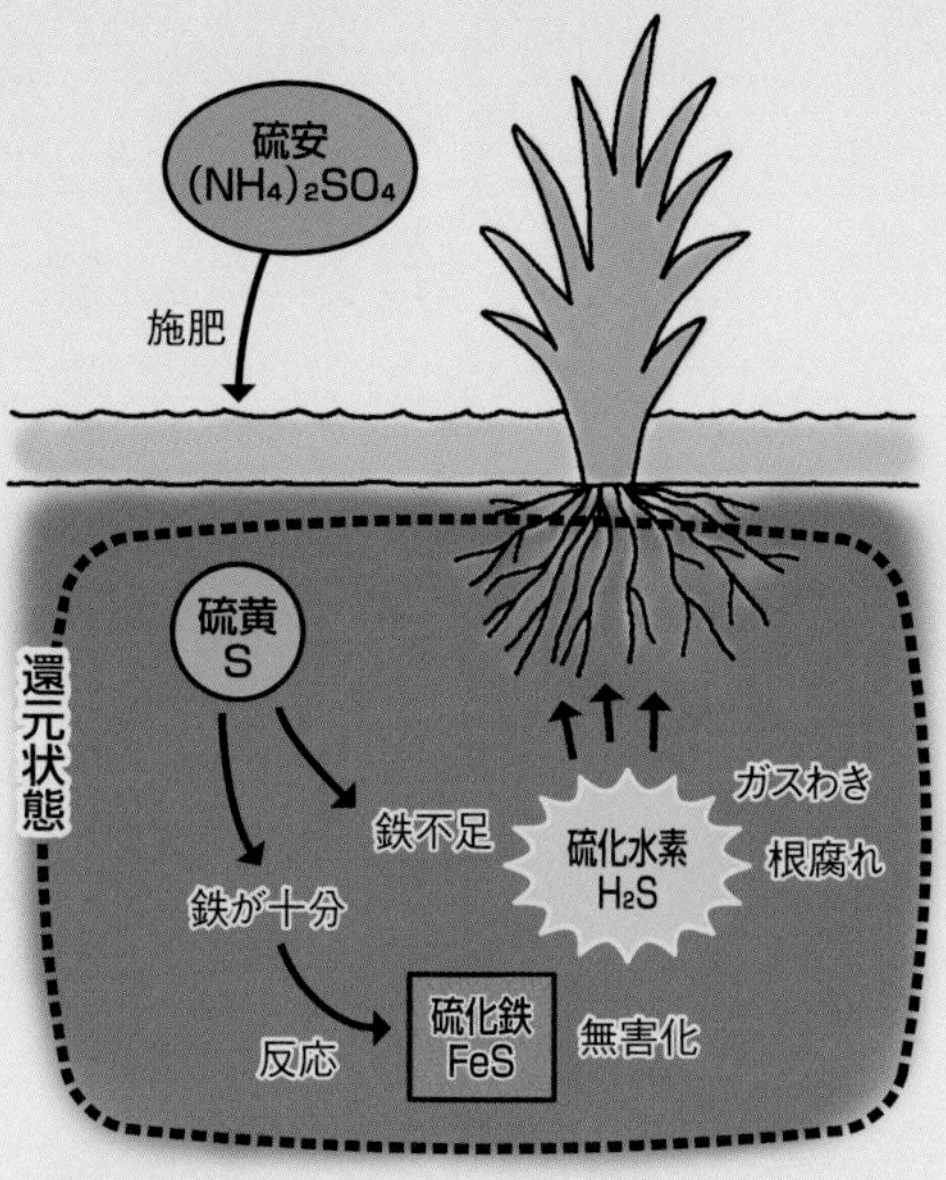

鉄不足の老朽化水田などでは、硫化水素が発生しやすい。鉄を散布すると、硫黄と反応して無害・難溶性の硫化鉄が形成される

硫化水素から根を守る

『現代農業』では、これまでも田んぼでの鉄散布を取り上げてきた（２０１５年３月号、16年３月号、17年10月号など）。多くの場合、とくに改善されるのはイネの根っこ。根腐れがなくなり、張りがよくなって、吸肥力も増す……鉄不足の田んぼでは、目覚ましい効果がある。

根腐れのおもな原因は、硫化水素。イナワラの分解に伴って、微生物によって酸素が消費されて還元状態となった土壌中では、硫黄が毒性の強い硫化水素ガスへと変化しやすい。これが、根にダメージを与えてしまうのだ。いわゆる「ガスわき」は、この硫化水素が発生するために起こる。

これを防ぐのが、ズバリ鉄。散布された鉄は、還元状態の土中で少しずつ水中に溶け出しながら、硫黄と反応。難溶性の硫化鉄を生成することで、硫黄を閉じ込め、硫化水素の発生を減らしてくれるのだ。

肥料の吸いもよくなる

島根県飯南町では、田んぼへの鉄資材が盛んに散布されている。というのも、２０１０年から11年にかけて実施した土壌診断により、町内の田んぼで軒並み鉄不足が明らかになったためだ。それ以前、町内で鉄資材を投入していた圃場は数haにすぎなかったが、12年以降は１００ha以上となった。

同町でイネを３haほど管理する和田幹雄さん（17年１月号）ら長谷営農組合の場合、３年に１度10ａ45kg

の純鉄粉を投入している。イネの根張りが格段によくなり、以前はよく見られた下葉枯れも改善。鉄還元細菌（115ページ）などの活性も上がったのか？　肥料の吸いもよくなったという。和田さんの管理圃場では、反収8～9俵前後で安定し、76点だった食味値は80点以上に向上した。

継続して入れ続けることが大事

同町の稲作農家兼研究者、堀野俊郎さんも鉄散布を勧める一人。堀野さんによると、鉄不足が起こりやすいのは、地質学的に北米プレートに位置する東日本より、ユーラシアプレートに載っかる西日本だという。

また、鉄を一度に大量投入するのは難しく、継続的に入れ続けることが重要だという。遊離酸化鉄の目標数値は、土壌診断の値で1・5％程度（10ａ当たり1・5ｔ）。この値が1％以下となったら、純鉄粉などの資材投入を考えてみてもいいそうだ。

飯南町での鉄散布により、根張りが改善したイネ。鉄の使用量は2年間で222kg /10a（鉄99%と45%の2資材を併用）

山内自治振興区（広島県庄原市）では、純鉄粉を竹堆肥に混ぜてマニュアスプレッダで田んぼに施用（101ページ）。2016年、米のタンパク値が前年の6.9%から6.6%に下がった

ちょっと気になる

純鉄の効き方と過剰害の話

編集部

純鉄粉とは、鉄を作る最初の段階で出る副産物。鉄鉱石（酸化鉄）とコークスを高炉で反応させて鉄鉱石から酸素を取り除く際、火花となって噴き出る鉄の粉などだ。軽石のように多孔質になっていて表面積がかなり大きい。

畑にまくと雨風に打たれ、2週間ほどで色が黒から赤に変わる。粒子の表面が酸化して溶け出すからだ。この溶け出た鉄イオン（遊離酸化鉄）が硫酸イオン（水田の場合は硫化水素）とくっつき、根傷みを防ぐ。

飯南町で水田への鉄散布を進めてきた堀野俊郎さんによると、純鉄粉の表面から出る鉄イオンはごく少量ずつで、効果は1年ほど持続する。また、土壌診断における遊離酸化鉄の推奨値は約1・5％（10ａ当たりに変換すると約1・5ｔ）だが、反当10ｔの鉄を含む土地でも過剰害は出ないので、「入れすぎや蓄積の問題はまずない」。

ただし、硫黄やマンガンなど副成分を含む鉄資材では、他のミネラルによる過剰害への注意が必要だ。

純鉄粉で米のタンパク値が下がった

広島県庄原市●松田一馬

散布前の竹堆肥500kgに50kgの純鉄粉を混ぜる
（純鉄粉の入手先：㈱マルサン・白根TEL080-2949-8192）

厄介者の竹でおいしい米

広島県庄原市の山内自治振興区（旧公民館組織）では、放置竹林の問題をきっかけに、竹パウダーを使ったブランド米づくりに取り組んでいます。「厄介者の竹を使っておいしい米をつくろう！」を合言葉に、２０１０年に生産者7名で１・7haの試験栽培からスタートしました（現在は53名で50ha）。木材チッパーを購入し、竹パウダーを生のまま散布することから始め、試験栽培を重ねた結果、現在は中熟牛糞堆肥と混合・発酵させた竹堆肥を使っています。

その効果は絶大で、おいしさの指標であるタンパク値、食味値、味度値が大きく向上し、全国の米コンクールで数多くの入賞を果たしました（『現代農業』２０１６年4月号63ページ）。

鉄の多い圃場の米は高品質

そんななか、コンクールや展示会で炊飯の権威である平田孝一先生（アイホー炊飯総合研究所。２０１７年8月号146ページ）と出会い、土壌診断の大切さを教わりました。

２０１４年の秋に、収穫したブランド米のサンプル30点の品質検査を、アイホー炊飯総合研究所に依頼し、土壌診断の結果と合わせて分析していただきました。すると、土壌中の酸化鉄含有量が多い圃場は、米の品質がよいとの結果が出たのです。

77地点で行なった土壌診断の結果を見ると、ケイ酸不足（有効態ケイ酸25mg未満）の圃場が81％、鉄欠乏（遊離酸化鉄１・５％未満）の圃場が88％を占めており、地力改善の必要性を強く感じました。

タンパク値が一気に下がった

そこで、２０１６年産では前述の竹堆肥５００kg／10aに純鉄粉（鉄含有量99％）を50kg混ぜて、マニュアスプレッダで田んぼに散布しました。

純鉄粉投入前の15年産米と投入後の16年産米で、タンパク含有率を測定すると、投入前の平均値6・9%から投入後は6・6%へと大幅に改善しました。土中に鉄を投入したことで、根の周りに酸化鉄の被膜が作られたり、有害な硫化水素を無害な硫化鉄に変化させ、根張りがよくなったのだと考えます。

また、広島県北部農業技術指導所の協力を得て、田んぼの穴掘り調査を15年と16年の秋に実施しました。その結果、土壌断面中の酸化鉄が増えるなど、根域環境の改善傾向が確認されました。しかし、地域・土壌によっては地下水位が高く、なお土中の鉄や酸素が不足しているとわかりました。鉄資材による土壌改良を続ける必要があり、17年産は20kg/10aの散布を行ないました。今後も継続して効果を調べていく予定です。

純鉄粉投入前（2015年産）と投入後（2016年産）の、タンパク含有率の分布

タンパク含有率	2015年産米（平均6.9%） サンプル数	2015年産米（平均6.9%） 構成比率（%）	2016年産米（平均6.6%） サンプル数	2016年産米（平均6.6%） 構成比率（%）
6.4%以下	13	7	56	30
6.5～6.8%	60	34	86	46
6.9～7.3%	90	51	44	23
7.4～7.6%	14	8	2	1
計	177	100	188	100

鉄散布の効果を見るべく穴掘り調査も実施

特A奪還を目指す魚沼から
純鉄粉で根の張りがよくなった
新潟県南魚沼市●青木拓也さん

2017年産米の全国食味ランキングにおいて、魚沼産コシヒカリが初めて特Aから陥落し、関係者の間で衝撃が走った。これを受け、魚沼では農家やJAが一丸となって、土づくりを見直す動きが起きているようだ。現地の農家に18年作の状況を聞いてみた。

鉄不足の田んぼに純鉄粉を投入

南魚沼市でイネを20ha栽培する法人「ひらくの里ファーム」代表の青木拓也さん（28歳）は、試験的に鉄資材を使ってみたそうだ。

きっかけは過去3年の土壌診断。田んぼ全体が鉄不足傾向だった。県の遊離酸化鉄含量の基準値は1・5%だが、「悪いところだと0・5%。多くても1%に届かないくらいでした」。

青木さんの近所の田んぼでは、ここ数年ごま葉枯病が多発。ごま葉枯病は鉄やマンガンが不足した圃場で発生しやすい病気で、青木さんの田んぼでも、チラチラ見え始めていたという。

そこで購入したのが、鉄99%の「純鉄粉」。1袋15kgで2000円程度の資材だ。これを4月の耕起前、コシヒカリの圃場1haに、10a当たり3袋（45kg）投入してみた。

ガスわきが抑えられた

鉄粉を入れていない田んぼでは、田植え2週間後～最高分けつ期（6月中下旬）に激しいガスわきが見られた。「うちは有機50％の特栽です。豪雪地帯だから、前年に分解されなかった有機物がこの時期一気に分解し、硫化水素がわきます。18年は5～6月の天気がよく、いつもより早くわきました」

しかし、鉄粉を入れた田んぼでは、硫黄が硫化鉄として不溶化したためか、ガスが全然わかなかったという。最高分けつ期のイネを抜いてみると、「ガスわきした田んぼに比べ、細かい根が明らかに多く出ていた」そうだ。

ただし、その後はひどい天候不順。猛暑の後の日照不足が響き、「反収7俵程度と、平年より1俵落ち。青米も多く、粒張りの悪い細米が多く出ました」。周囲も似た傾向だったという。

しかし、「天候さえよければ収量に結びつくはず」と、青木さん。

「19年は鉄粉を散布する田んぼを増やします。全部の田んぼに入れたいのはやまやまですが……コストと手間との相談ですね」

青木拓也さんと、わら細工名人の祖父、喜義さん。拓也さんは土壌医検定2級「土づくりマスター」を持つ。ケイ酸不足対策にはケイカルとモミガラの施用を続けている（高木あつ子撮影）

特A奪還へ、まず土づくりから

こうした農家の取り組みを、JAも全面的に応援している。JA魚沼みなみ普及指導課の板鼻昭義さんは言う。

「魚沼の土壌は、もともと痩せた黒ボク土。肥効調節はしやすいですが、ケイ酸や鉄は不足気味です。ずっと熔リンやケイカルで補ってきましたが、米価下落とともに、施用しない方も増えました。それもあって、18年は行く先々で施用を強く訴えてきました」

「稲作だより」の号外「土づくり肥料を施用しましょう！」を出したり（表）、資材メーカーと協力し、一部地域の硫黄欠乏に取り組んだりと、試行錯誤中だ。

そもそもイネにとって、鉄やマンガンなどの必要量は少なく、投入をやめても、ある程度は土壌中の蓄積量でまかなえる。だからといって放っておくと、いつかは欠乏してしまう。こうした老朽化水田は全国に見られ、秋落ちなどの原因となっている。

「まだ効果が見えない部分も多いですが、悪天候に負けない稲作を目指して取り組んでいきます」と、板鼻さん。良食味の本場、魚沼でも土づくりをイチから見直す取り組みが始まっている。

JA魚沼みなみのおすすめ土づくり資材

資材名	保証成分量（%）	施肥量（kg/10a）
越後の輝き ソイル米スター	リン酸1、カリ1、苦土2、アルカリ23、ケイ酸30	30
ソイルキーパーFe	アルカリ35、ケイ酸13.5、苦土1.5、（鉄19）	100
魚沼ロマン アイアンスター	リン酸8、ケイ酸12、鉄9.5、苦土5、アルカリ17.5、腐植酸6	60～80

「稲作だより」号外「土づくり肥料を施用しましょう！」（2018年3月16日発行）より

観光リンゴ園にも純鉄粉散布

晩生リンゴに味がのり、病気も減る

島根県飯南町●中岡 啓

落葉で晩生品種に味がのらない

島根県飯南町で、「赤来《あかぎ》高原観光りんご園」を運営しています。

2haの畑にY字仕立てのリンゴが約800本。9月から11月まで70日以上の期間で、9品種を収穫しています。自分の好みに合ったリンゴを求め、シーズンを通じ約6000人もの来園者があります。

リンゴ狩りが始まると、「新世界」や「ふじ」など収穫の遅い品種の消毒には、なかなか手が回りません。以前は斑点落葉病や褐斑病が広がって葉が早く落ちてしまい、味がのらないこともありました。

5、6年前、「樹が元気なら病気にもかかりにくい。それにはまず土壌の健康から」と考え、簡易キットを使った土壌診断をやってみました。すると、さまざまな微量要素が不足していることがわかり、とくに鉄については反応がほとんどありませんでした。

病気の広がり方が遅くなった

鉄を補充するための資材を探していると、田んぼに純鉄粉を散布している話（『現代農業』2015年3月号96ページ）を聞き、リンゴにもいいかもしれないと思いました。一度にドバッとやるより少しずつやるほうがいいと考え、私は毎年反当20～30kg。リンゴを収穫した後、堆肥や有機化成肥料と一緒に、樹の周囲に手でまきます。

1年目は目立った変化はありませんでしたが、2年目以降少しずつ病気に強くなってきたと思います。まったく病気にかからないわけではありませんが、病気が出ても広がり方が遅くなったように感じます。防除は2週間に1度程度とこれまでと同じですが、一気に葉が落ちることがなくなりました。その結果、晩生品種でも収穫まで元気な葉が増え、実に味がのるようになったと思います。発送・直販しているリ

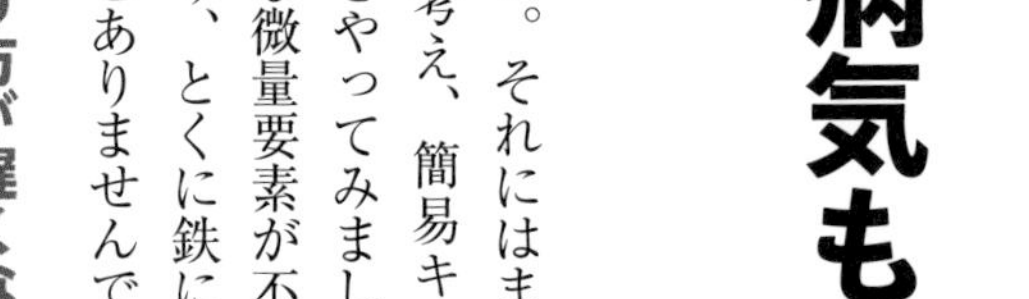

当園の「新世界」。酸味が少なく甘みの強い品種

ンゴも好評で、リピーターの方も年々増えていっています。

雨が少なくても樹が元気を保つ

当園のかん水は基本的に天水まかせですが、近年は大雨や干ばつなどの極端な気象によって、悩まされる機会が多くなりました。昨年も7月上旬から1カ月以上雨がほとんど降らない期間があり、9月に収穫する早生品種では玉太りに影響が出ました。晩生の樹にも負担がかかったと思いますが、葉が萎れたり枯れたりすることはなく、晩生品種の収穫量は例年以上となりました。鉄散布を始めてから、根が強くなったためでしょうか、樹全体の元気度が変わってきていると思います。

園地の整備から30年以上経ち、排水不良によるダメージにより、改植する樹が増えました。植え穴には堆肥とともに鉄を一掴み入れて、早く大きくなってくれるように願いながら苗を植えています。

純鉄粉を散布する筆者（52歳）。㈱SBN代表取締役。町の指定管理を受け、園を20年運営・管理している

鉄を効かせるために **ブドウ園に茶葉を敷いた**

岡山県赤磐《あかいわ》市●佐倉千恵子さん

赤磐市の佐倉千恵子さんはブドウ農家。ピオーネなど黒色品種の着色に、ここ数年悩んでいます。そんな時、鉄を特集した『現代農業』2020年1月号で、「葉色が薄いと実の色づきが悪くなってしまうので鉄が欠かせない」というブドウ農家の記事を見つけました。

最初に読んだときは、「うちの園地だってカナケが多い。近くの素掘りの池から引いてくる水だって赤茶色なんだから」と思った佐倉さんですが、特集を読み進めるうちに、酸化鉄は植物に吸収されにくいことを知りました。

さっそく、知り合いのお茶農家に、機械掃除の折に出た茶葉をタダでもらい、ピオーネの幹回りを中心にフカフカに敷き詰めました。茶に含まれるタンニンで、土中の酸化鉄を吸収されやすい鉄に変えるのがねらいです。

今年は雨が多く、日照時間が少なく、夜温も高く、十分な着色は得られずでしたが、それでも「葉がバリバリして色もいつもより濃い緑。じわじわ鉄が効くといい」と、手ごたえをつかんだ様子の佐倉さんです。敷いた茶葉は草抑えにもなります。

市販の鉄資材
私なりの使い方

市販されている肥料でも
「鉄」をうたったものが結構ある。
野菜農家や果樹農家、稲作農家に、
愛用している鉄資材と
実感している効果を聞いてみた。

悪天候でも、野菜が元気に育つ

大阪府八尾市●吉内 進

73歳。野菜を10a強、水稲を10aほど栽培

　退職後、野菜づくりを始め、鉄資材の「鉄力あくあＦ14」（以下、鉄力あくあ）を使うようになりました。雑誌を読んで、植物が吸収しやすい二価鉄だと知ったからです。

　苗の場合は定植時、直播きの場合は本葉が出る頃、鉄力あくあ（1万倍）とＨＢ１０１（５０００倍）の混合液を株元に施します。その後は7〜10日おきに、鉄力あくあ（５０００倍）とＨＢ１０１（１０００倍）の混合液を葉面散布。

　鉄力あくあを使うと、生長中の野菜の株がしっかりと立ち、葉に張りがあり、色ツヤもよくなります。キュウリやナスなどは、長期間収穫できていると思います。以前はタネ播きの時期をずらして2回に分けていましたが、１回でよくなりました。スイカは大玉が収穫でき、味もおいしく感じています。また、病気もかなり少なくなりました。近年の天候は極端で、雨が多いですが、水はけの悪い畑でも野菜が元気に育ちます。

鉄力あくあF14

鉄の含有量：1ℓ当たり15g

植物が直接吸収できる二価鉄で、早く吸われ、早く効く。さらに、低分子のままキレート化してあるので、高pHでも吸収される。鉄とマグネシウムの効果で、葉緑素が生成され、光合成が向上。他に、マンガン、ホウ素、亜鉛、銅、モリブデンも含まれる。

イネの収量アップ

大分県由布市●姫野康太郎

40歳。水稲を10ha栽培

エコファーマーで、土づくり、省力化などを考えて水稲をつくっています。

土壌診断をしてみると、かなりの田んぼで鉄欠乏といわれたので、その補給として冬場に「ミネラルＧ」を入れるようになりました。２年に１回の散布ですが、イネの茎が丈夫になり、株がしっかりし、結果的に収量が上がりました。

また、２０１７年はジャンボタニシが大発生し、壊滅的な状況でした。肥料の販売店に相談したとき、ビール酵母（セルエナジー）と二価鉄の組み合わせで、ジャンボタニシがいなくなるという話を聞き、試してみました。田植え後に、ビール酵母と二価鉄を水に溶いて葉面散布。すると、２週間ほどジャンボタニシを見かけなくなりました。その後、少し食べられましたが、普通に収穫できました。

ビール酵母には根張りをよくする効果があります。また、鉄を吸収しやすくするそうです。その相乗効果なのか、収量も多くなりました。

ミネラルG
鉄の含有量：13～18％
鉄分のメインは3価の酸化鉄。石灰とケイ酸が主で、リン酸、カリ、苦土、マンガン、ホウ素など、イネに必要な成分もバランスよく配合。水田では、鉄が有害ガスの硫化水素の発生を軽減し、根腐れを防ぐ（鉄＋硫化水素＝硫化鉄で無毒化）。鉄はイネの光合成も活発にする。

ブドウの葉色が濃くなる

福岡県直方市●内山隆之

巨峰と関係して60年近くになります。１９８２年、福岡県の母木園になった頃、竹やぶをブルドーザーで開墾した畑で葉色が淡いように感じました。心土がむき出しになり、微量要素が足りていなかったからだと思います。それ以来、鉄を意識するようになりました。

現在、定期的に購入しているのは、ゴルフ場でよく使われる「芝鉄ちゃん」、または二価鉄資材。開花後すぐに葉色を濃くしたいので、葉が４～５枚出た頃（４月下旬）から、マンガン

86歳。ブドウ（巨峰）を40a栽培

市販資材

やマグネシウムなどと混合して、3～5日おきに葉面散布しています。回数に制限はなく、収穫まで続けます。チッソを与えると樹勢が強くなってしまいますが、鉄なら枝を伸ばさず、葉だけ濃くできます。

　とくに巨峰などの黒色品種は鉄分が少ないと、葉緑素の出来が悪くなるのではないでしょうか。葉色が薄いと、実の色づきが悪くなってしまいます。そのため、鉄は欠かせません。

芝鉄ちゃん

鉄の含有量：5％

主にシバに使う資材。鉄分は硫酸鉄などで、他にマンガン、イオウ、クエン酸などを含む。鉄、マンガン、イオウが葉色を濃くする。鉄、クエン酸が根の働きをよくする。クエン酸が土壌中の鉄、リン酸、カリ、苦土などを溶解し、作物に供給する。

いろいろあるぞ！話題の二価鉄資材

●編集部

水溶性の二価鉄資材が話題に

最近話題の二価鉄資材、注目を集める理由はなんだろう。鉄力あくあＦ14（106ページ）を、愛知製鋼と共同開発したサカタのタネの高木篤史さんによると、葉面散布できる液状の資材が広まったことが、その一つのようだ。

　二価鉄資材自体はかなり以前からあったが、液体中で二価鉄の状態を保つのは難しく、固体のものがほとんどだった。そんななか登場したのが、愛知製鋼の「鉄力あくあ」。二価鉄を非常によく安定化させ、高濃度で含んでいるのが特徴だ。

　当初は鉄を葉面散布するという発想がなく、広まるまでに時間がかかったというが、農家での使用事例が増えるとともに、この技術に他の資材メーカーも注目。共同で、特色ある葉面散布用の二価鉄資材を次々開発する動きが出てきた。

　鉄欠乏が出るのは新しい葉だ。すぐに対応したいが、固形の二価鉄資材だと、効果が表われるまでに時間がかかってしまう。液状資材の葉面散布なら速効性が期待できる。

　しかし、これら液状の二価鉄資材は固形資材よりも変化しやすく、「刺身のように足が早い」そうだ。日光に当たると変質するため、色のついたボトルに入っている。また、使用時に薄めるとキレート剤と鉄とがすぐに離れて三価鉄に変化してしまうので、すぐに使い切る必要があるという。

以前と目的が違ってきた？

　そもそも二価鉄資材自体はずっと以前からあり、『現代農業』でもその使いこなしを取り上げてきた。ところが、以前は固形資材が多かったこともあり、植物に吸わせるというよりも、二価鉄の「反応しやすい性質」を利用し、堆肥や土など植物体以外に使うこ

おもな二価鉄資材

液状

鉄力あくあ、
鉄力あくあF10（愛知製鋼）

鉄の含有量：
0.03％（あくあ）、1.5％（F10）

含まれる有機酸には、根が三価鉄を二価鉄に還元する力を強める効果もある

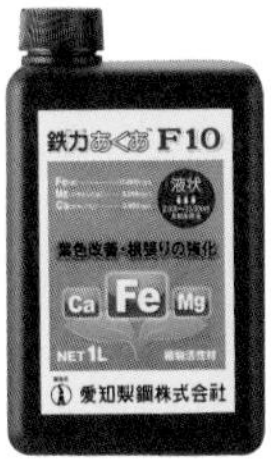

鉄力あくあF10

鉄力トレプラス
（愛知製鋼、OATアグリオ）

鉄の含有量：0.5％

トレハロース（二糖類）が含まれており、凍結や乾燥から植物の細胞やタンパク質を守る

ALAFeSTA
（愛知製鋼、誠和、サカタのタネ）

鉄の含有量：0.2％

葉緑素や呼吸を司るヘム補酵素の材料「ALA」（アミノレブリン酸）を含む

メネデール（メネデール）

鉄の含有量：0.004％

鉄力あくあより歴史が古い。キレート化はされておらず、二価鉄がイオンのまま含まれる透明の液体

植物活力素
メネデール

固形

鉄力あぐり（愛知製鋼）

鉄の含有量：
3％（B10）、10％（B12、スーパー）

栽培期間が短い（～３カ月）作物用の「B10」、長い（～６カ月）作物用の「B12」、家庭菜園用にチッソ、リン酸、カリが配合された「スーパー」がある

鉄力あぐりB12

GEF（中部沃豊）

鉄の含有量：24％

２価の硫酸鉄やクエン酸鉄からなる淡い緑色がかった白色の粉剤

GEF

とが多かった。

『現代農業』２０１１年10月号などに登場する愛媛県の山本良男さんは、固形の二価鉄資材「ＧＥＦ」（中部沃豊）をオリジナルの肉発酵液の作製時に使用し、悪臭の発生を防いでいる。アンモニアを硫安に、硫化水素を硫化鉄に変化させるという、ＧＥＦの反応を利用したものだ。

　また、ＧＥＦの二価鉄は大気中の酸素と結びつき、土中に酸素を提供する働きがあるとされる。山本さんは根毛の周りに酸素を呼び込めると期待し、酵素液だけではなく、かん水中にも混ぜて使っていた。

　最近は不安定な天候が続く中、作物体内での鉄の働きに注目が集まり始めた。新しい二価鉄資材の使いこなし方も生まれてくるはずだ。

使い捨てカイロとクエン酸で手作り鉄資材

●編集部

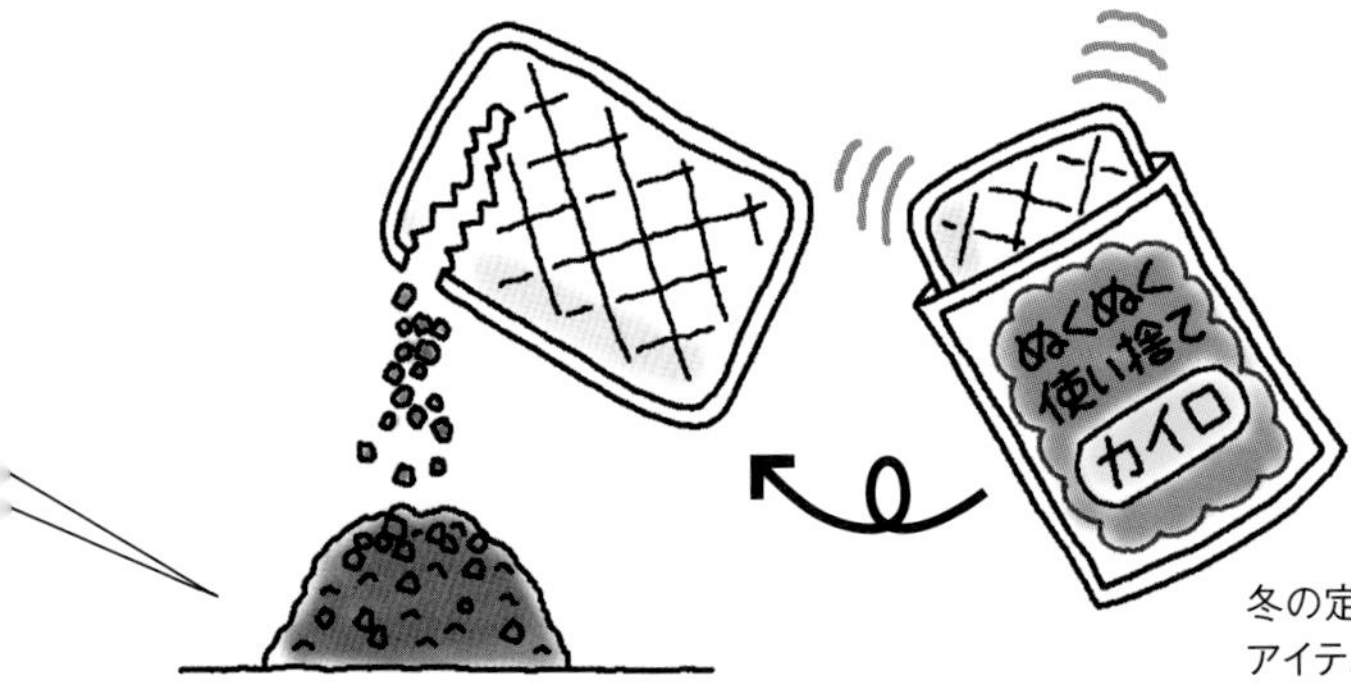

カイロの中身を再利用

袋から取り出して手で少し揉むと、すぐにポカポカ暖かくなる使い捨てカイロ。その中身も鉄。鉄粉が空気中の水分と反応した際に出る熱を利用して体を温める。

使い終わって冷えたカイロの中に残った鉄粉を鉄資材として利用できるととってもお得だが、そのままでは三価鉄という状態で植物は吸収しにくい。

そこで、『現代農業』２０１７年６月号で紹介したのが、福岡県宮若市の花農家の安河内龍一さんや山本隆さんらが実践している、クエン酸を加えて作る手作り資材。クエン酸と反応させることで鉄がキレート化して作物が吸収しやすい状態に変わると、資材屋から教えてもらって始めたやり方だ。

作り方は材料をそれぞれ混ぜ合わせるだけ。ミネラル補給のために２人は海水も加えているが、これは必須ではないかもしれない。材料はいずれも身近なものばかりで、誰でも簡単に作ることができる。

葉面散布でアブラムシが消えた

ハウスで数種類の花を栽培していた安河内さんは、５００～１０００倍に薄めて月２回ほど葉面散布に使った。驚くことに、アブラムシが減ったり、うどんこ病の被害が軽くなったり、花の日持ちが改善したりするという。

山本さんも同じように使っているが、不思議なことに散布後はアブラムシがいないことに気づいた。「殺虫剤のようにアブラムシを殺すんじゃなくて、アブラムシが嫌がって逃げていくようだ」という。わざわざ高い資材を買うよりいいアイデアだと、２人とも気に入っている。

使い捨てカイロの中身は鉄粉や活性炭など。使い終わった後の鉄粉は、空気や水と反応している（水酸化第二鉄）。三価鉄の状態なのでそのままでは植物は吸収しにくい（すべて依田賢吾撮影）

手作り資材の作り方

身近な材料を混ぜるだけなので作り方はとっても簡単

3つの材料を混ぜる
- 使用済みの使い捨てカイロの中身（鉄）　大1個
- クエン酸　40ｇ
- 水　1ℓ

↓

24時間静置。静置後の上澄み液をとる

↓

海水（海洋深層水）1ℓを加える

↓

500～1,000倍に薄めて散布

鉄とクエン酸液を混ぜると……

混ぜてすぐはやや茶色く濁った感じの緑色

24時間静置後は透きとおった青緑色に変わった。この上澄み液をとって海水と混ぜる

右はコーヒー粕のポリフェノールと反応させた鉄を施用したブロッコリー。無施用（左）と比べて花蕾が大きく育った。100g当たりのビタミンC含有量も137mg、無施用は89.5mg

カルパー剤と同時施用

ポリフェノール鉄錯体には土壌病原菌を抑える効果もある

農研機構野菜花き研究部門●森川クラウジオ健治

扱いやすい鉄に

三価鉄・二価鉄と植物の吸収

鉄は植物の生育に欠かせない栄養素の一つである。鉄が不足すると葉緑素が作れず、光合成もできなくなる。

鉄は酸素と反応することで、三価鉄、二価鉄と状態を変化させる。例えば赤サビは三価鉄、黒サビは二価鉄の状態である。

通常の畑では、ほとんどの鉄は三価鉄の状態で存在している。三価鉄は不溶性で、溶解度は土壌のpHによって変化し、pHが高いと溶けにくく、低くなるにつれて溶けやすくなる。

根から物質を出して吸収する

じつはイネ科以外の多くの植物は、二価鉄しか吸収できない。そこで、植物は根から根酸を出してpHを下げることで、三価鉄の溶解を促進し、さらに根の表面で酵素の働きによって二価鉄に還元して吸収している。酸性土壌を好むブルーベリーやジャガイモなどは根酸をあまり出さない作物で、土壌条件が合わないと激しい鉄欠乏症となり枯れてしまうこともある。

土壌のアルカリ化で吸収が抑制

ヨーロッパに比べると日本の土壌は一般的に酸性である。しかし、近年、アルカリ資材や化成肥料の過剰施肥により土壌のアルカリ化が進んだ。とりわけハウス土壌では、多肥に加え、露地に比べて降雨の影響を受けないことから溶脱が少なく、土壌に肥料養分が蓄積しやすいため、pHが7以上と適正値を超えて高い場合もある。そのため、鉄の吸収が課題となり、鉄資材の施用が注目されるようになった。

筆者。イタリアのキウイで発生した鉄欠乏症。若い葉が黄色になる。日本より土壌のアルカリ性が強いヨーロッパでは鉄の吸収が以前から課題だった

人工のキレート鉄は残留する

二価鉄は非常に不安定な状態であるため、すぐに植物が吸収しにくい三価鉄に変わり、土壌中に沈殿してしまう。そこで二価鉄の状態で安定させる必要がある。現在は、酸などと反応させて安定させ、吸収しやすい状態（キレート）にしたＥＤＴＡ鉄のような人工キレート剤が用いられている。こうした資材を施用することで、鉄の吸収は促進される。ただし、人工の成分が環境中に長期間残留するため、自然の物質循環を乱す可能性がある。

この問題を解決するため、長年にわたって天然の鉄キレート剤を探してきた。そして２００３年頃、茶殻やコーヒー粕に含まれるタンニンなどのポリフェノール類に注目。これらのポリフェノール類と反応させることで鉄がキレート化されることが確認できた。その作用を利用して、廉価で環境負荷の少ない鉄資材（ポリフェノール鉄錯体）を開発し、現在、市販にむけて準備中だ。

鉄吸収で生育が大きく改善

ポリフェノール鉄錯体を畑に施用すると、アルカリ性の土壌でも植物が吸収できる二価鉄の土中濃度が上昇する。

鉄の吸収が促進されることで、植物体の鉄含有量が高くなり、光合成の効率がよくなって植物体が大きく育ち、収量も増える。さらに可食部の鉄含有量も高くなるため、食べた時の鉄分の摂取量の増加も期待できる。

実際、さまざまな野菜で施用後の可食部の鉄含有量を調べたところ、無施用に比べて、平均でケール１・84倍、チンゲンサイ２・12倍、ホウレンソウ１・19倍、ハクサイ１・45倍、葉ダイコン１・62倍と高くなった。

また、スイカでは、無施用より糖度

ポリフェノール鉄錯体を施用したケール（右）。無施用（左）より生育がよいだけでなく、鉄の含有量も多く、より機能性の高い野菜に育つ

が上がり、実も大きくなった。ブロッコリーでは花蕾が大きくなり、ビタミンC含有量も高くなった。

強い殺菌効果も注目

レタスの連作障害が減少

ポリフェノール鉄錯体の連続施用効果をレタスで試験していた際、施用しなかった無処理区で連作障害による枯死が発生した。施用した区では発生しなかったため、詳しく調べたところ、ポリフェノール鉄錯体が土壌病原菌を抑えていることがわかった。

具体的には、ポリフェノール鉄錯体がレタスの根に含まれる過酸化水素と反応することで、強い殺菌効果を持つ活性酸素が発生していた。

その後、病原菌をキュウリの葉面に接種し、ポリフェノール鉄錯体と過酸化水素を葉面散布する試験をしたところ、キュウリのべと病と斑点細菌病が抑制されることも確かめられた。

ポリフェノール鉄錯体と過酸化水素水の併用処理（右）により、キュウリの斑点細菌病に強い抑制効果があらわれた

過酸化カルシウムと組み合わせれば土壌消毒も可能

ポリフェノール鉄錯体と過酸化水素による土壌消毒も試したが、過酸化水素がすぐに分解してしまうため、継続的な殺菌効果が得られなかった。

そこで、イネの種子にコーティングして出芽を促進するために用いられるカルパー剤に注目した。カルパー剤に含まれる過酸化カルシウムは、水と反応して過酸化水素を発生する。カルパー剤を施用した土壌にポリフェノール鉄錯体を用いることで、継続的な殺菌効果が得られることがわかった。

ポット実験レベルではあるが、施設トマト栽培において深刻な被害をもたらす土壌伝染病の青枯病に対して、強い発病抑制効果があることも確認している。

この強い殺菌効果は、青枯病以外の土壌病害に対しても期待できる。現在は、国内での普及に向け、ポリフェノール鉄錯体の低コスト製造技術の開発を進めている。

過酸化カルシウムを施用したポットにポリフェノール鉄錯体を施用（右）。殺菌効果が持続し、トマトの青枯病の発生が抑制された

チッソ固定の新たな役者

鉄還元細菌が田んぼを肥やす

東京大学大学院農学生命科学研究科●妹尾啓史

地力チッソを支えるチッソ固定

「イネは地力でとり、ムギは肥料でとる」と古くからいわれているように、水田におけるイネの生育は、土そのものが持っているチッソ養分の供給力（地力チッソ）に大きく支えられています。

この地力チッソは、土壌中の微生物による「チッソ固定反応」によって維持されています。この反応により、空気中のチッソガスが微生物の体に取り込まれ、やがてアンモニア態チッソに変換され、イネがチッソ養分として根から吸収できるようになるのです。

新発見！　鉄還元細菌がチッソ固定

私たちは、土壌で活発に機能している微生物群を網羅的に調べる最新の遺伝子解析手法を用いて、水田土壌でチッソを固定している微生物を調べました。その結果、土壌でチッソ固定していることを示す遺伝子の7割もが、ジオバクター属やアネロミキソバクター属の「鉄還元細菌」に由来していること、そして従来着目されてきた「チッソ固定細菌」に由来するチッソ固定遺伝子は、むしろ少ないことがわかりました。これは、水田土壌において鉄還元細菌がチッソ固定に大きく寄与している可能性を示しています。

また、鉄還元細菌が水田土壌に多く存在する微生物であり、日本各地の水田に生息していることも明らかにしました。さらに、各地の水田土壌から鉄還元細菌を分離して（上の写真）、それらが実際にチッソを固定することも確かめました。

これは、水田土壌のチッソ固定微生物に関する従来の定説を覆す新発見です。鉄還元細菌はその名の通り、水田土壌において鉄を還元する微生物としてよく知られていましたが、チッソを固定していることには、これまで誰も気づかなかったのです。

鉄の施用でチッソ固定が高まる

私たちはこの新知見を応用し、鉄還元細菌によるチッソ固定を増強して水田土壌の地力チッソを高め、チッソ肥料を減らした水稲栽培につなげる研究を続けています。

水に覆われた水田土壌には酸素がほ

水田土壌から分離した鉄還元細菌

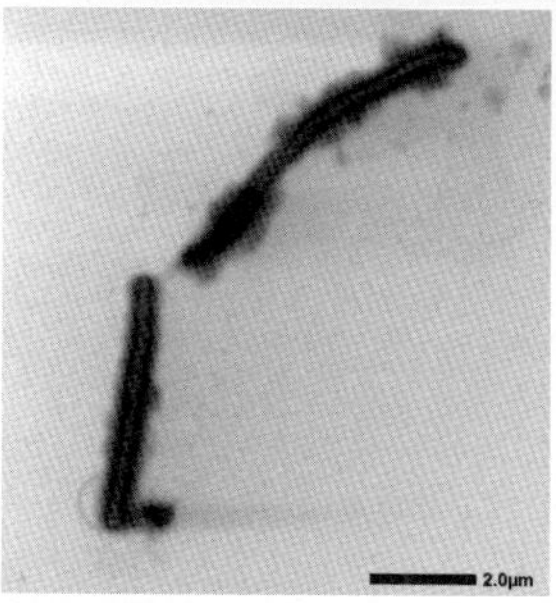

アネロミキソバクター属
（写真提供：伊藤英臣）

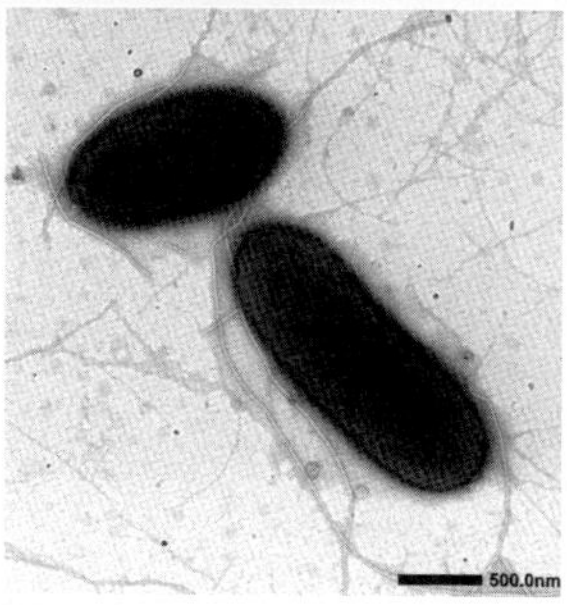

ジオモナス属
（シオバクターの新属）

研究の最前線

新潟での鉄施用試験

土壌の表面に純鉄資材を施用（右）、数日後、鉄が酸化してから（左）水を入れて水稲を栽培（写真提供：白鳥豊）

田んぼでの鉄還元細菌によるチッソ固定（推定図）

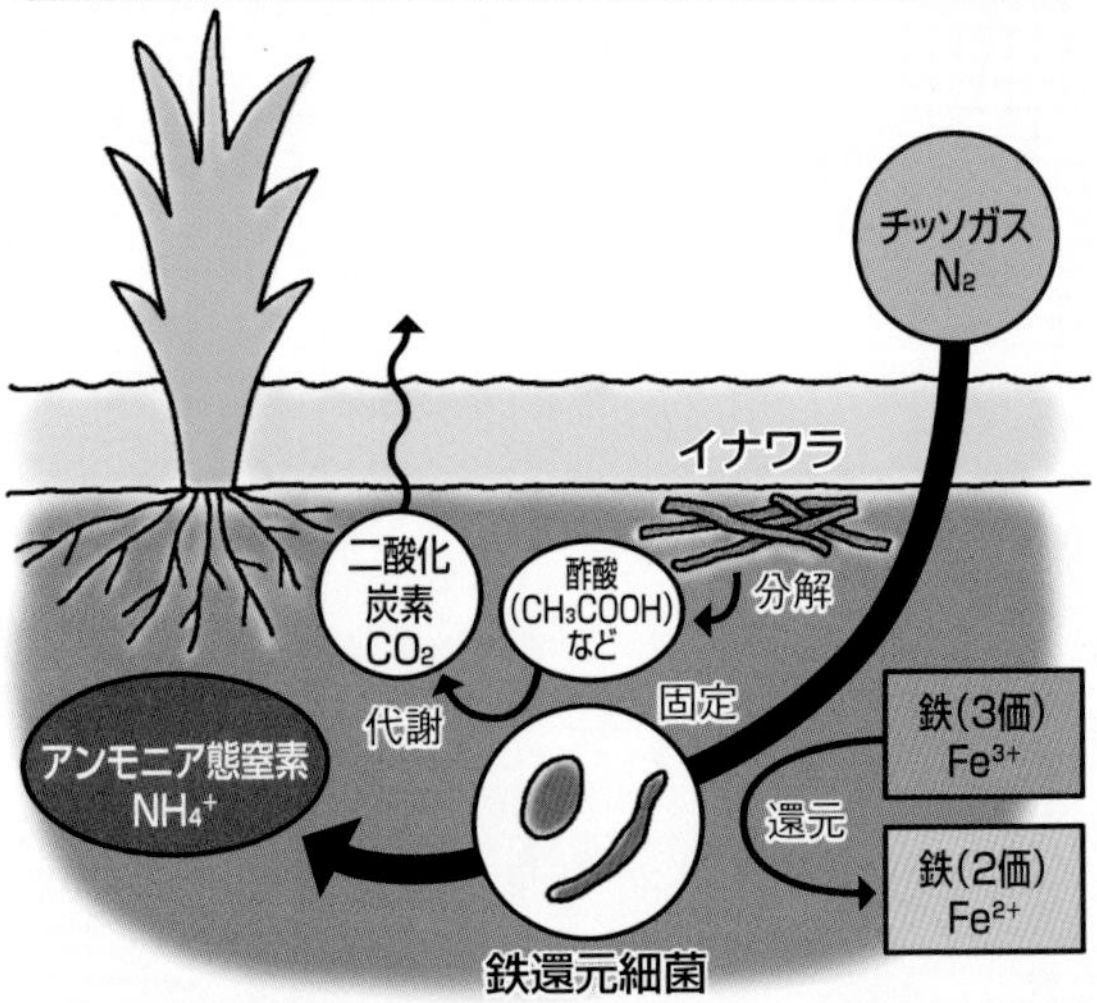

酸素のない水田土壌で、鉄還元細菌は鉄を還元しつつ（細菌にとっての呼吸）、イナワラ由来の有機物（酢酸など）を代謝する。ここで得たエネルギーを使って、チッソを固定していると考えられる

とんどないため、鉄還元細菌は酸素の代わりに鉄を呼吸に用います。そして、イナワラの分解物を炭素養分やエネルギー源にし、チッソを固定することによりチッソ養分を得て生育していると考えられます。

実際に、実験室内において、鉄とイナワラを水田土壌に添加したところ、土壌における鉄還元細菌によるチッソ固定が高まることを確認しました。

現場で増収効果を確認

この結果を実際の水田で検証するため、現在、新潟県農業総合研究所と共同で圃場試験を進めています。

十日町市の水田において、田植え前、入水前の土壌表面に農業用純鉄資材をまきました（上の写真）。鉄の量は土壌の遊離酸化鉄量に相当する0・5％（10a当たり500kg）です。数日後に鉄が酸化してから耕起・湛水および代かきをし、元肥・穂肥とも同量の条件でイネ「コシヒカリBL」を栽培しました。

その結果、鉄施用区では無施用区に比べて、土壌のチッソ固定活性が数倍に高まりました。収穫期には、鉄施用区のイネは無施用区のイネよりも緑が濃く、チッソ養分を多く吸収したと考えられ（左ページ写真）、玄米収量も約11％増加しました（精玄米重は10a当たり鉄施用区397kg、無施用区358kg）。

南京信息工程大学の申卫收博士と共同で、中国でも圃場試験を進めていま

新潟での鉄散布試験

収穫時のイネ。鉄資材を施用した区（左）のほうが緑が濃く、チッソを多く吸収したと考えられる。鉄による硫化水素発生抑制効果の影響も考え、イオウチェッカー（硫化水素発生の調査器具）で調査したが、両区で反応に違いはなかった

中国広東省における鉄資材施用試験の収量

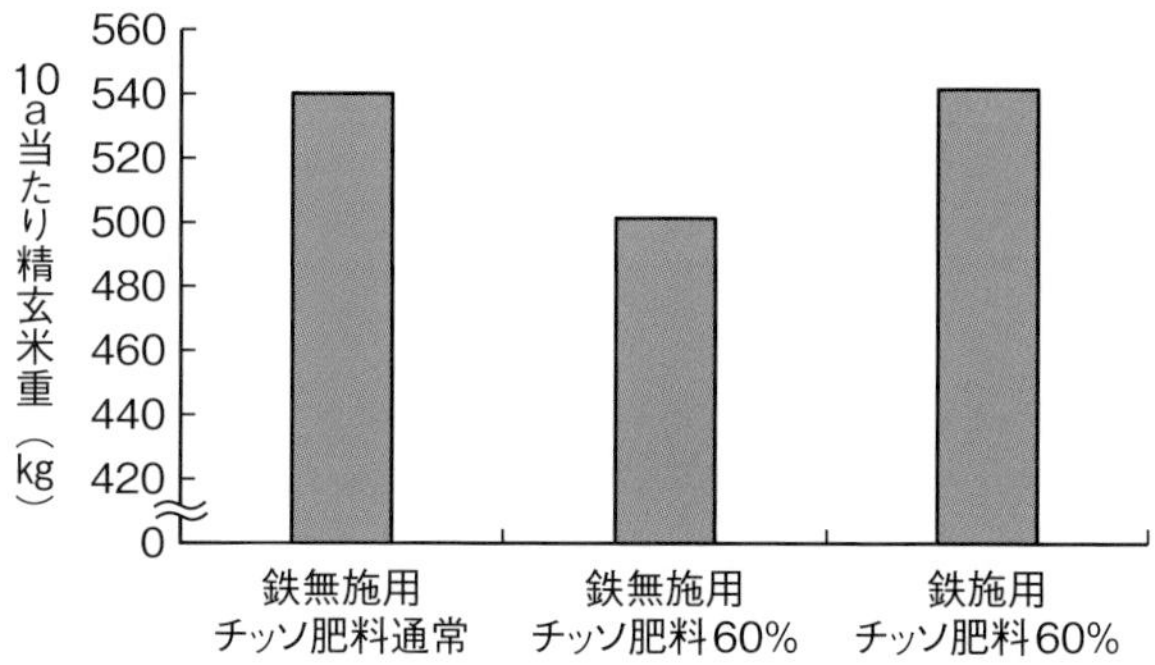

南京信息工程大学の申卫收博士による。チッソ肥料を減らしても、鉄資材を施用すると通常区と同等の収量が得られた

す。広東省恵州の水田で10a当たり500kgの鉄資材を施用したところ、チッソ肥料を従来の60%に減らしても通常施肥区と同等の玄米収量が得られました（左の図）。鉄は土壌中で還元と酸化を繰り返すため、一度施用すればその効果は半永久的に続くと期待されます。

低チッソ農業を目指して

チッソは植物の多量必須元素の一つです。持続的な作物生産のためには土壌にチッソ養分を補給する必要があり、人類はさまざまな工夫を重ねてきました。化学肥料の発明・利用はその一つで、これにより世界の作物生産は飛躍的に向上し、多くの人口を養えるようになりました。

しかし近年、世界のチッソ肥料の消費量が急激に増加しており、チッソによる環境汚染（地下水汚染、水系の富栄養化、温室効果ガス発生など）や、肥料の製造・運搬・散布による化石エネルギーの消費が問題になっています。チッソ肥料を減らした持続的かつ環境調和型の作物生産（低チッソ農業）はこれからの農業の重要な課題です。

私たちの研究成果は、チッソ肥料を減らした水稲生産の実現につながると期待されます。しかし、学術的基盤の解明はこれからであり、圃場試験から得られた成果も限定的、短期的なものです。土壌中の鉄還元細菌の生態やチッソ固定の制御要因に関する知見を積み重ね、汎用的なチッソ固定増強技術を確立し、低チッソ農業を実現するために研究を続けてまいります。

使い捨てカイロでクエン酸鉄資材を手作り

福岡県大木町●荒巻敬太さん

大木町のイチゴ農家・荒巻敬太さんに各地で盛り上がっている「タンニン鉄」の話をすると、自分は10年前からイチゴのかん水に手作りの「クエン酸鉄」を入れているよと教えてくれました。

鉄の材料は、あの使い捨てカイロ。カイロの中身5～8袋分とクエン酸1～2kgをポリバケツに入れて、水20～40ℓを注ぎます。ときどきかき混ぜながら2～3日置くと、クエン酸とカイロの鉄粉が反応して水が緑色に変わるので、それから10日ほど経ったら完成とします。

荒巻さんは、買ったら高い鉄資材とpH調整剤の代用品として、この手作りクエン酸鉄資材をかん水に混ぜて使います。土に不足気味の鉄の補給と、かん水のpHを下げる必要があるからです。2週間に1度、10aに5ℓ使いますが、クエン酸が多いとイチゴまで酸っぱくなってしまうので注意が必要です。

「市販の資材もしくみを考えたら手作りできるよね」と話してくれました。

カキの渋抜き試験紙を発明

福島県会津若松市●遠藤政孝さん

「会津《あいづ》身不知《みしらず》柿」の脱渋は、出荷用段ボールに詰めたカキにアルコールをまぶして密封し、流通の過程で行なうのが一般的ですが、まれに渋が残ることがあります。勤めを定年退職してから本格的に身不知柿をつくっている会津若松市の遠藤政孝さんは、自宅でしっかり渋を抜いてから出荷するように心がけています。

しかし、糖度を測る光センサーはあっても渋を測る機械はない。食べてみないとわかりません。そこで政孝さんは、渋が抜けているかどうかを確認する渋抜き試験紙を発明しました。

用意するのは、渋の原因であるタンニンに反応する硫酸第一鉄（黒豆の色止めにも使う食品添加物）と濾紙（どちらも薬局で購入）。20ccの水に硫酸第一鉄を2g溶かし、濾紙にその液体を吸わせます。乾燥させてから短冊に切って渋抜き試験紙の完成です。

同日に脱渋処理をしたカキの中から青いものを一つ選んで半分に切り、断面に渋抜き試験紙を付けます。濃い黒になったら渋がまだ残っている証拠。色が変わらないか、ほんの少し黒くなる程度なら渋が抜けたことを表わします。

これがあれば安心してお客さんにカキを送ることができますね。

第５章

環境保全や健康にも鉄！

鉄分補給に重宝する鉄ナス（写真提供：伊藤佳世）

砂浜に鉄散布

ヘドロが浄化されて アサリ復活

愛媛県上島町●清水 伸

「あさりの会」は、地域の活性化を目指すボランティアグループである。活動拠点は、愛媛県上島町弓削《ゆげ》島の久司《くじ》浦《ら》地区。人口約230名のいわゆる限界集落である。

かつては全長500mほどの久司浦の砂浜に、多くの潮干狩り客が訪れた。しかし、他の瀬戸内海の砂浜と同様に、30年ほど前から環境悪化でアサリが減少し、近年はまったくとれなくなっていた。そこで8年前、アサリの育つ豊かな砂浜の復元を目指して海の環境改善プロジェクトに取り組もうと、「あさりの会」が発足した。会員は12名と少ないため、実際の活動には多くの地区住民が参加してくれている。

ネットに砂と稚貝を入れる

1年目、2年目は、海岸に漂着した流木やゴミなどの撤去や啓発活動（生活排水が及ぼす環境悪化について）を中心に行なった。その間、簡易水質検査を実施したが変化はなかった。

アサリ育成の実証試験もスタートした。タコやエイなどアサリを食べる生き物から守るべく、イネの種モミ袋（食害対策ネット）に20kgの砂と稚貝一握り（約50g）を入れて砂浜に設置したり、アサリ育成カゴを作製して稚貝を入れて海に吊したりした。アサリが育つことを楽しみに期待していたが、いずれも稚貝の生存率は0%であった。食害対策のみ実施しても、アサリは定着しないのである。

アサリが豊富だった昔は、島の生活排水や対岸からの工場排水による汚染はなかった。また、薪炭林として利用するため、山の木は更新されていた。森のミネラルが少しずつ海へと運ばれ、海の生態系を支える。植物プランクトンや海藻が元気になり、光合成をして酸素を供給するので、現在のように砂浜にヘドロが堆積することもなかったのである。

食害対策ネット（種モミ袋）の砂の中から出てきたアサリ

鉄を散布した砂浜に砂20kgを詰めた食害対策ネットを設置。
1年で1.5cm程度のアサリが育ち、2年ものになると2 ～ 2.5cmになる

砂浜の土壌改善、４年目に効果

これらの解決には抜本的で長期的な取り組みが必要である。3年目からは砂浜のヘドロの多い場所（約25ａ）にて小型バックホーを使ってヘドロを撤去したり、竹炭や鶏糞、カキ殻を散布したり、管理機で砂浜を耕したりしながら、海岸の土壌改善を行なった。また、食害対策ネットによるアサリの育成も４月と10月の年２回続けたが、２年目、３年目と結果は同じであった。

しかし４年目の春、いつも通り食害対策ネットを破って中を確認したところ、驚いたことにかなりの大きさにアサリが育っており、３００袋のネットから50kgのアサリをとることができた。初めてのアサリは、久司浦地区の

今年は試験的にコルゲート管を設置。
食害対策ネットの下から酸素を供給する

有機物の多い灰色の土がヘドロ。
管理機で耕して土中に酸素を供給する

家庭に無料で配り、地区住民に大変喜ばれた。何がよかったのかは検証できていないが、水質検査の平均数値も年々よくなっていた。

5年目には、試験的に稚貝を入れなかったネットの中にも、アサリが育っているのが確認された。アサリの浮遊幼生がネット内の砂に着生して育ったのである。それからは、稚貝なしで砂を入れただけのネットを用い、アサリを育成している。

鉄散布で収量増、味もよし

6年目の2017年、他県で鉄を散布して、アサリの育成をしている様子がテレビ放送された。実践をサポートしていた近畿大学の山本和彦准教授（123ページ）に連絡をとり、海に純鉄粉を散布するようになった。

近年では、田畑に鉄を散布して好成績を収めている地域もある。ヘドロ化した土壌から発生する硫化水素を鉄が無毒化するためだと考えられている。ヘドロによる硫化水素の発生は海域でも生じており、プランクトンの減少や生態系の破壊の原因にもなっている。ヘドロが蓄積した海域の活力回復に、鉄の効果が大いに期待されるのである。

そこで、10aの砂浜に200kgの鉄を散布したところ、ヘドロ臭が少し改善され、アサリの収穫量も多くなってきた。稚貝を入れない300個のネット袋から80kg収穫できるようになり、味も濃くなっている。現段階では、砂浜に純鉄粉を散布して管理機で10cmほど撹拌する方法を試している。

鉄散布によって海藻の色づきや生育が早まる効果も出ている。近くの岩場で試験的に鉄を散布したところ、モズクの生育が促進された。

なお、環境改善を実施してきた場所では4年目の春以降、若干ではあるが食害対策ネットの外でもアサリの稚貝が確認されている。ただ、タコなどによる食害をまともに受けるためか、収量は増えていない。

＊

鉄の散布は海域の環境改善効果が期待されるので、今後も続けていきたい。幸いにも、近畿大学と2年間の共同研究契約を結ぶことができ、鉄粉散布によるアサリ育成の実証試験は他の2地区の海岸にも広がっている。

活動に協力してくれる地域住民も増え、1回の活動に50人以上が参加することもある。気持ちのよい汗を流したあとに集会所で飲む、打ち上げのビールがうまく、なによりの楽しみになっている。

砂浜のヘドロに散布する純鉄粉。鉄を散布してから管理機で耕すことで、ヘドロからの硫化水素の発生を弱める（純鉄粉の入手先：マルサン・白根 TEL 080-2949-8192）

砂浜の一角に純鉄粉施用区（10a換算で200kg施用）を設置。ヘドロ臭は改善されるも、食害のためかアサリの量は増えていない

瀬戸内海の貧酸素・ヘドロ化を改善

鉄をまいて海を耕す

近畿大学工学部化学生命工学科●山本和彦

地域とのつながりから

私は今回世界遺産に登録された「百《も》舌《ず》鳥・古市古墳群」のある大阪南河内の農村地域に生まれ育ちました。

長年タンパク質や遺伝子を研究しており、じつは表題の鉄に関することや環境問題は専門ではありません。ただし、以前から興味は持っていました。

海の環境改善に取り組むことになったのは、いろいろな偶然が重なったからです。あるとき、たまたま養蜂家の方とお話しした際、「大学のある地区は養蜂に向いている」と勧められ、大学構内での養蜂プロジェクトに取り組むこととなりました。そのうち、瀬戸内地域の活性化に取り組む方々との間で、「養蜂を瀬戸内の島々の活性化にも利用できないか」という話になりました。そして話を重ねるうちに、瀬戸内地域が抱える問題や現状を知ることができたのです。

貧酸素化の進む瀬戸内海

私はずっと、瀬戸内海は豊かな海なのだと思っていました。妻が愛媛県出身で、瀬戸内の魚を食べる機会も多く、海の水を見てもとてもきれいだからです。しかし漁業関係者の話から、じつは魚やカキ、そしてアサリなどの漁獲量が激減しており、深刻な状態にあることを知りました。

広島の海は、見た目はとてもきれいですが、その海底や砂浜では貧酸素化が生じており、ヘドロが堆積して厚い層となっているところがあります。こうしたヘドロ層では、タンパク質などが嫌気性の微生物により分解され、生き物にとって毒性が強い硫化水素が発生することが知られています。

広島はカキが有名ですが、養殖用の「いかだ」が多く設置されている沿岸部には、硫化水素による強い悪臭が漂うところがあります。さらに砂浜でも、以前は毎年貝掘りができたのに、今は季節になってもほとんどアサリがとれない場所が少なくありません。そうした砂浜を少し掘り下げると、黒いヘドロ層が出てきます。

こうした現状を前に、漁業関係者たちは「親から引き継いだ漁業を後世に引き継げるのか」と、不安を持っておられました。

ヘドロは海も田んぼも同じ

そのようなとき、中国地方の山間部で稲作に鉄散布を取り入れ、効果を上げている事例を知りました。長年耕作を続け、老朽化した水田はヘドロ化し、収量や品質の低下がみられていましたが、純鉄粉の散布によって改善さ

筆者（手前）。医学博士で、遺伝子の解析結果を高血圧などの治療に活かすための研究が専門

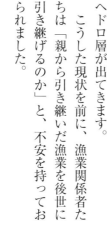

鉄散布で硫化水素が減る、生物が増える

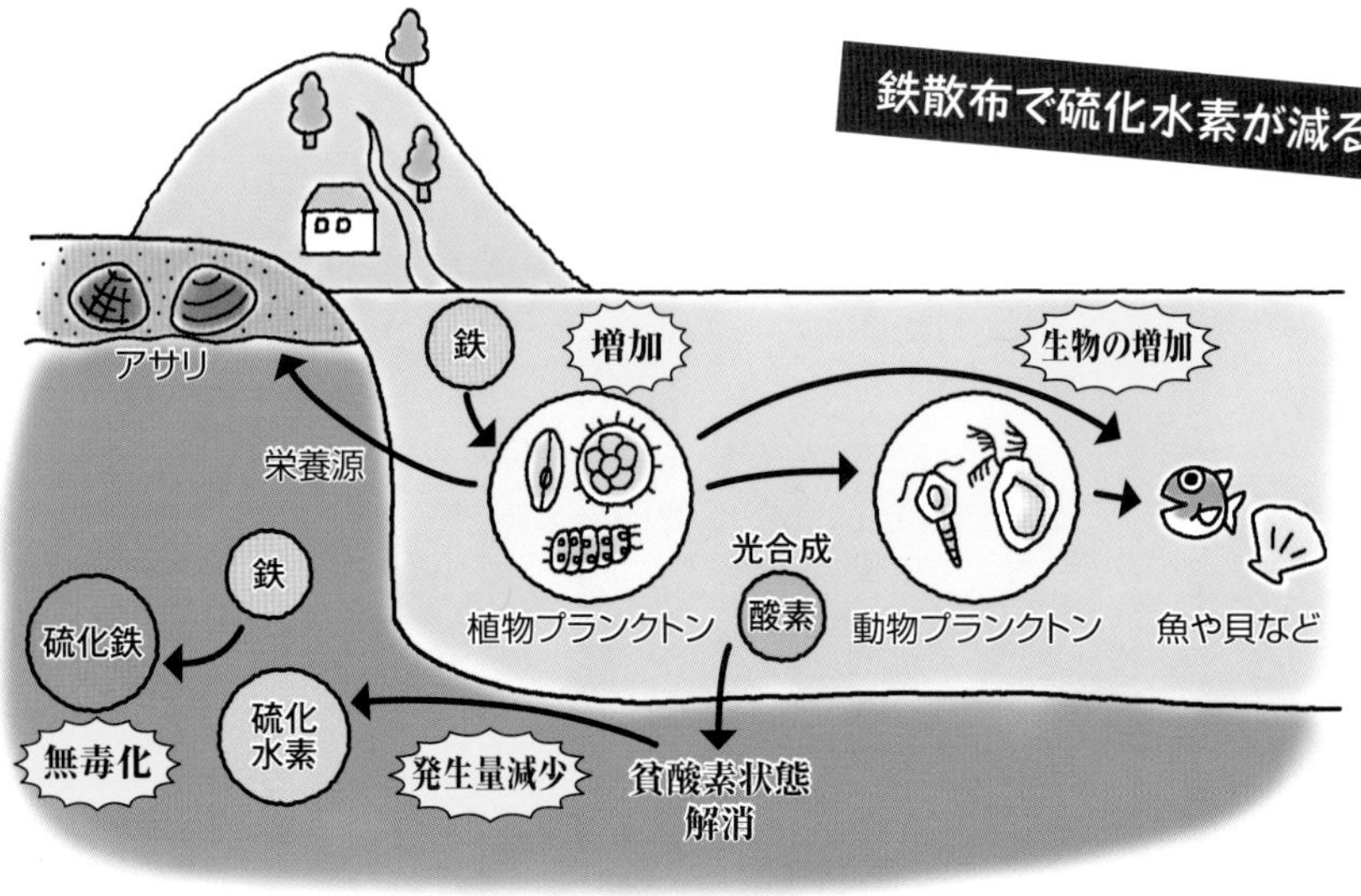

海水中の鉄イオンは非常に少ないので、陸からの鉄イオンの供給が重要。鉄は植物プランクトンの葉緑素合成などに使われる。散布によって植物プランクトンが増えれば、それを食べる生物が増えるし、光合成により貧酸素状態が解消される。また、鉄は硫化水素と反応してその量を減らし、ヘドロ解消にも役立つ

れたとのことでした。稲作への鉄利用の話をお聞きしたとき、「これは、海のヘドロにも使える」と思ったのです。

硫化水素が鉄と反応すると、硫化鉄に変化します。この反応を利用し、鉄散布によってヘドロから硫化水素を除くことができることは、専門家によってすでに調べられていました。私自身も実際に、各地の砂浜で鉄を散布してみて、ヘドロ層のニオイがすぐに解消することを確認しました。

また、鉄は海洋中の植物プランクトンが増殖し、光合成をするのに不可欠な物質で、海への散布により増殖速度が倍加したという研究報告もあります。植物プランクトンはカキやアサリの栄養源となるだけでなく、海の食物連鎖の基盤をなすものであり、生物全体の増加が期待できます。そして、光合成によって酸素を生み出すので、貧酸素状態の改善にもつながります。

このように、鉄散布はヘドロ層の改善、植物プランクトンの増加を通じ、アサリやカキ、その他多くの魚の増加につながることが考えられます。

純鉄なら余っても悪さをしない

鉄を利用して海域の環境を改善する研究や調査は、すでに多数実施されていました。しかし調査後、取り組みのほとんどは継続されていないのが現状だと思われます。多くは国などの助成金で実施されており、費用と効果を考えると、個人あるいは地域の漁業協同組合などが、単独で継続するのは難しいのかもしれません。われわれは、研究により得られた結果を、実際の漁業や農業の場で継続させることも重要な点だと考えました。

それに加え、多くの研究調査で用いられているのは「スラグ鉄」と呼ばれる、製鉄過程で産業廃棄物として出るものでした。鉄以外の成分が多く含まれており、それらの環境への影響を除くことは難しいと思われます。そこで、われわれの活動ではその成分の99％程度が鉄である純鉄を利用することにしました。

散布して余ってしまった純鉄は容易に酸素と結びつき、地中に多く存在する鉄鉱石と同じ成分（酸化鉄）となります。鉄は地球上で最も多く存在する

金属であり、純鉄の利用によって環境を悪化させる心配は少なく、安心して使えると考えられます。

改善のきざしが見えてきた

そして2017年、大学や鉄資材メーカー、地域の方々が一体となり、鉄散布によりアサリと海藻の復活を目指す取り組みがスタートしました。

これまでに、弓削《ゆげ》島など瀬戸内の各地で砂浜への純鉄粉散布を実施してきました。取り組み始めてまだ3年目ですので、結果を判断するのは難しいのですが、アサリがすでに消えていた砂浜で新たに発生が見られたり、アサリの数や大きさが改善されたりと、環境改善への傾向が確認できています。

そして、取り組みを継続的なものとするため、鉄資材の経費を考慮し、その利用効率を高めたり、他の資材と組み合わせて使う試みも進行中です。

鉄が生物に吸収されるためには、イオンとして水に溶けていることが必要ですが、鉄イオンは酸素と結合して酸化鉄となりやすい。これを防ぐのが、落ち葉・落ち枝の分解でできるフルボ酸などの有機酸です。有機酸と結合した鉄は生物が吸収しやすい形で長期間存在できます。この効果をねらい、各地で山や森を育てて海を豊かにする運動が実践されています。われわれはもっと手軽に、バークやコーヒー粕などから堆肥を作り、鉄と混ぜて利用する方法を考え、現在試しているところです。

また、卵やカキの貝殻などを散布することも画策中です。砂浜などに存在する局所的な低pHを調整し、環境を改善できると思われます。

今後、地域や漁業に携わっている人々の手で、海を育て慈しみ、田畑のように耕す「海耕《かいこう》」が必要だと考えています。問題解決に向けた糸口を、一緒に探っていければと思います。

海洋深層水に鉄分補給

養殖スジアオノリの色が鮮やかに

三島食品㈱●平川規子

三島食品㈱（本社・広島市）は「ゆかり」や「ふりかけ」の生産をしていますが、2015年4月より高知県室戸市の指定管理業者として、スジアオノリの陸上養殖事業を開始しました。

スジアオノリはふりかけやお好み焼きに使う青のりの一種で、吉野川の汽水域が主産地です。しかし、近年は台風や豪雨、高水温の影響で生産量が大きく減少し、家庭用の青のり製品の内容量にも影響しています。

スジアオノリ100%のふりかけ

藻の色と増殖に鉄は不可欠

当社の陸上養殖は7tのタンクに、水温が低くミネラル豊富な海洋深層水

スジアオノリ。鉄を添加することで、鮮やかな色になる（純鉄粉の入手先：㈱マルサン・白根　TEL080-2949-8192）

を「かけ流し式」で使用しています。運営開始当時の年間収穫量は約2・5t（乾燥重量）。いかに生産量を増やすか、また品質のよいスジアオノリを生産するかという課題に取り組んできました。

鉄は藻類においてクロロフィルの生合成（色への影響）と増殖に不可欠な元素とされています。ところが、室戸で使う海洋深層水は表層水と比べて鉄分が少ないため、当初から鉄に注目して情報収集をしていました。

そんななか、北広島町にある自社農園の担当者と話をしていた際に、純鉄の存在を知りました。赤シソの発色に効果があるとのこと。農業用資材が養殖に使用できるのか不安はありましたが、すぐにサンプルを取り寄せました。

収穫前の8日間、鉄を補給

純鉄は成分の約99％が鉄の粉で、径が非常に細かいものや逆に大きいものがあります。まず、どのようにして陸上養殖のタンクに投入するかが問題となりました。

スジアオノリはそのまま乾燥して食品になるので、深層水をかけ流しするなかで、鉄粉が付着して金属が検出されたら回収問題につながります。あらかじめ微粉をふるいで除去し、鉄粉自体が深層水中に混入しないように不織布の袋に入れ、陸上養殖タンクに吊るしました。養殖の最終段階となる収穫前の約8日間、7tタンクに1kgの純鉄を補給します。

鉄補給の有無で収量、色を比較すると、収量にはばらつきがありましたが、色は明らかに鉄を補給したほうが鮮やかでよい結果が出ました。

3カ月ごとに純鉄入れ替え

純鉄の採用後も継続して収穫量などへの影響を確認していますが、およそ3カ月で鉄補給による発色の差がなくなるため、鉄の入れ替え作業を行なっています。

当施設の運営開始から5年目を迎え、運営開始当初の2・5tから昨年度は3・6tの生産量を達成しました。日照や気温の影響もありますが、鉄補給を含むさまざまな取り組みの成果が出ています。今後もスジアオノリの増産、品質向上に取り組み、市場から消えつつある「青のり」をより多くの食卓にお届けしたいと思います。

7tタンクが60基並ぶ陸上養殖施設

畜舎のニオイ消し、牧草地の改善に効果

阿蘇黄土の飼料添加で牛舎と曝気槽のニオイが減った

北海道・JA中標津●黒川義紀

「MSミネラソ」は、酸化鉄や微量ミネラルが豊富な熊本県の阿蘇黄土「リモナイト」（128ページ参照）を加工した畜産用の飼料添加剤です。

粗飼料にMSミネラソを振りかける

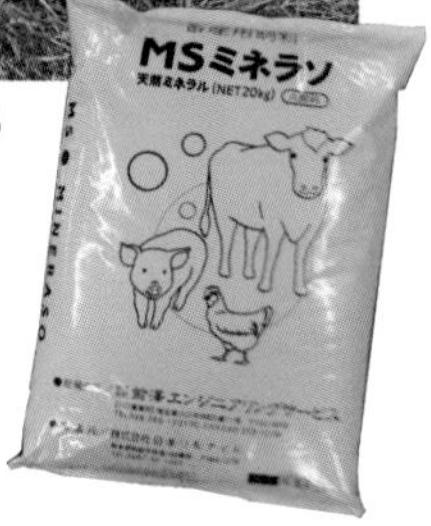

鉄含量約70%の「MSミネラソ」。販売は㈱前澤エンジニアリングサービス（0120-414-195）、製造元は㈱日本リモナイト

出会いは数年前。「これを与えているとなんだかいいんだよね〜」という、地元・北海道中標津町の酪農家の体感からでした。「阿蘇の黄土にそんないい効果があるの？」なんて、農協の営農資材課担当として疑心暗鬼にも似た感情が始まりでした。しかし放牧の牛が土を食べて鼻を真っ黒くして帰ってくる光景が思い出され、「そもそも牛は必要なミネラルを自ら探しているのでは？」という思いが生まれたのでした。

分娩や免疫機能がよくなる

この商品は天然ミネラルであるため安心して牛に給与できます。例えば分娩前の母牛の飼料に添加することで、母牛の血清鉄が増加して健康に分娩させられます。その母牛から出生した子牛は胸腺（胸部や頸部にあるリンパ組織の一つ）が発達し、免疫機能がしっかりとした健康な状態であることが実証されています。この他にも筋活性（筋肉の強さ）や骨活性（骨の強さ）の上昇、順調な体重の増加が確認されています。

整腸作用もあり、「以前は緩んでいた糞便が、ミネラソを与えたら締まった黒っぽい糞便に変わった」との声がもとからありました。そんななか「どうも最近、牛の糞尿のニオイが変わったようだ」「牛舎のニオイが減った気がする」という声も数多く聞くようになりました。

スラリーのニオイが激減

そこで酪農家の協力のもと、メーカーや普及員の方々と、MSミネラソを給与した牛のスラリーと、していないものを採取。検知管で複数回、臭気調査をしました。

臭気要因となるアンモニアと硫化水素の数値を測定した結果、MSミネラソを給与したものはアンモニアが半分以下、硫化水素においては未給与が500ppmだったのに対して、ほぼ0の数値が示されたのです。

またMSミネラソを全頭給与している牧場にて圃場へスラリーを散布した直後の現場で、町役場職員の方々とニオイを検証しました。結果、「通常のスラリーと比べて、臭気が驚くほど感じられない」と全員一致しました。

MSミネラソは脱臭剤ではなく、牛の健康を維持することが本来の目的の飼料です。が、牛の体内で硫化物と化学反応を起こし、糞尿の硫化水素自体の発生を最小限に減らす効果があります。だから貯留しているものや圃場に散布する時の刺激臭も、大幅に低減できると実感することができました。

MSミネラソを給与した牛のスラリーを散布した直後の圃場。通常は入ることすらできないほど強烈なニオイがするが、顔を近づけてもニオイはごくわずか

コンクリの腐食も防げる

臭気はさまざまな悪臭の複合体なので、スラリーがまったく無臭ということにはなりませんが、臭気の大本である硫化水素を大幅に抑えられた効果はニオイのみではありません。硫化水素による曝気槽などの施設のコンクリートの腐食を抑えるといった副次的な効果も発見しました。

最近では町の三つのTMRセンターでも添加しており、町内の大部分の酪農家が活用している状況です。

硫化水素はバイオマスプラントのメタンガス発生を阻害します。直近ではMSミネラソを含有する糞尿により発生率がどう上がるか、比較試験も行なわれており、結果を楽しみにしています。

九州から北海道への輸送コストなど難しい問題は数々ありますが、利用促進によるコストダウンを図りたいと思います。またMSミネラソを含有する糞尿散布による土壌や草地への肥料的効果、牧草の成分向上への研究なども、今後期待しているところです。

阿蘇リモナイトで悪臭物質が減り、有用菌が殖える

九州工業大学●前田憲成、守屋多恵

根室中標津空港の外に出た瞬間、スラリーの「ツーン」という鼻につくニオイを感じたことを今でも覚えている。

筆者の研究グループは「阿蘇リモナイトを活用した抗生物質フリー畜産飼料開発のための家畜健康改善現象」（2017年度）を解明するために北海道中標津地域の農場を対象に研究を行なった。

以前、筆者が下水処理場のプロセスに阿蘇リモナイト（ＭＳミネラソ）を投与した試験では、汚泥の量が減った。それ以上に驚いたのは、脱水ケーキ（汚泥）の工程場のニオイが極端に少なくなったことであった。

阿蘇リモナイトを給餌した糞尿で作ったスラリーも、ニオイが劇的になくなった。そのしくみを解説したい。

善玉菌が殖える

まず、阿蘇リモナイト給餌あり（1日10～20g）・なしの子牛、および成牛の糞便中の細菌叢を比較した。給餌ありの子牛の糞便は、給餌なしより病原性が低いこと、また善玉菌とされる乳酸菌数が大きく増加していること。さらにエサの分解に寄与するルミノコッカス科やリケネラ科の菌の割合が高くなることがわかった。

成牛では、リモナイト給餌なしの場合は、給餌あり（40～50g）と比べて、感染症や悪臭菌などの原因となるモラクセラ科やカンピロバクター科の菌の割合が高いことがわかった。

嫌気性消化で硫化水素が減少

下水汚泥の嫌気性消化（メタン発酵）では、阿蘇リモナイトを添加すると、その量に応じてメタン生成が抑制され、硫化水素の発生量も著しく減少する。この硫化水素の減少は、阿蘇リモナイトの吸着効果である。

下水汚泥と家畜糞便中の菌群は類似しており、嫌気性消化の実験はルーメン発酵に疑似する。

仮にルーメン発酵において、阿蘇リモナイトが同様にメタンおよび硫化水素の発生を抑制する効果がある場合、環境保全の視点からも重要である。牛などの反芻動物のげっぷ中に含まれるメタンガスの量は、1日当たり１６０～３２０ℓにも上るといわれ、脱ガス化は地球温暖化防止にも寄与する可能性がある。

また阿蘇リモナイトなしの汚泥は、嫌気性消化中に生成される低級脂肪酸のうち特定悪臭物質（排出規制の対象）であるプロピオン酸とノルマル酪酸が検出される。一方、阿蘇リモナイトの添加量が多くなると、プロピオン酸とノルマル酪酸の生成が減る。

すなわち、阿蘇リモナイトを添加した発酵条件は、ニオイが低減する現象と一致する。

体内の有用菌も殖えている

阿蘇リモナイトを給餌した家畜糞便で作るスラリーはニオイが少なく、給餌していないほうは強い。それぞれの有機酸を分析すると、前者は後者と比べて、顕著にプロピオン酸の量が少なく、メタン生成の基質となる酢酸もほぼ半減していた。

さらに、次世代シーケンサー技術（ゲノム配列高速解読）を活用して、それぞれのスラリー中の菌叢を比較した。その結果、前者のほうが菌群が多様であることがわかった。

とくにルミノコッカス科とラクノスピラ科の菌が高い割合で検出された。これらは植物に含まれるセルロースおよびヘミセルロース成分を分解し、短鎖脂肪酸を合成できるため、宿主にとって有用な細菌として知られている。

これらの菌群の優占化、あるいはそれ以外の菌群との関わりが、悪臭有機酸の低減に寄与しているかについては、今後さらに調査を進める必要がある。いずれにしても、阿蘇リモナイトを給餌した家畜糞便からは、低級脂肪酸由来の特定悪臭物質が顕著に減少していることは明らかである。

鉄を食わせた牛のスラリーで牧草の糖分が上がった

北海道別海町●片岡一也さん

酸化鉄が豊富な熊本県の阿蘇黄土「リモナイト」（褐鉄鉱。鉄含有量70％）を加工した、畜産用の飼料添加剤「MSミネラソ」を牛に与えると「分娩や免疫機能がよくなる」。さらに「スラリーのニオイが激減する」と、北海道根室地域の酪農家の間で話題だ（127ページ）。このスラリーを草地にまくと、牧草にもいい効果が出るようだ。

夏でも食い残しがない草に

片岡一也さんは4年前から、鉄分としてMSミネラソを乳牛全頭に給与している。産後の起立がよくなったり乳量がアップしたり、スラリーのニオイがかなり減るなど、効果を実感。だが片岡さんには他の狙いがあった。

別の鉄資材だが、スラリーに入れてニオイを抑制している仲間から「スラリー散布後の牧草の出来がいい。1番草が10aで4tもとれた」と聞き、そんなバカな、3tとれたらいいほうなのに……と牧草を見に行ったら、本当によかったこともある。丈が伸びて密生して、それでいて葉の色が濃すぎることもなくておいしそうだった。

じつは4年前は、前年の天候不順の影響でサイレージの出来が悪く、牛の調子が崩れていたので、是が非でもいい草をつくりたいと考えていたのだ。

そこで片岡さんは、MSミネラソを与えた牛のスラリーを、草地（チモシー主体）に10a当たり2tほど散布（1回当たりの一般の規定量）。すると2～3週間後、チモシーの葉はピンと立ち、伸びもよい。牛が喜びそうな黄緑の草になった。収穫量も1割増えた。

なにより顕著に数字に表われたのが、糖分だ。チモシーを粗飼料分析に出すと、それまでの平均的な値より2％もアップしていた。

「いや驚いた、おいおいこんなに違うかねと。もちろんサイレージの嗜好性も抜群。真夏でも食い残しが全然出なかった。その草をあげた仲間からは『牛ってこんなに草を食うもんなんだな！』っていわれたよ」

良質な発酵には糖が必要

ここでいう糖分とは、WSC（Water Soluble Carbohydrate：水溶性炭水化物）のことだ（糖度計のブリックス値とは異なる）。糖は乳酸菌の栄養源で、多いほど発酵を促進する。良質なサイレージを作るには、糖分は原料（乾物中）の10～15％必要といわれる。片岡さんの草がまさにそれだ。

片岡一也さん（58歳）。搾乳牛約75頭。草地は96ha。自給飼料が主体で1頭の年間搾乳量は約8000kg。関東からの預託牛が約50頭

ＷＳＣとはピンとこないが「糖分が６％くらいの青草と10％の青草は、人間がかじっても違いがわかるよ」と片岡さん。もちろん乾草として与える時も、糖が高いほうが断然嗜好性がいい。「糖蜜などをまいて糖分を高めようとしたら、とんでもないカネと手間がかかる。スラリーでできるのがいい」

普通のスラリーと比較してみた

おもしろくなってきた片岡さん、条件を変えていろいろ実験してみた。

ピンと立ったチモシー。草丈は80㎝もある（片岡一也さん撮影）

まず近隣のＴＭＲセンターの栽培地の一部を「ちょっと試させて」と借りて二つに分け、片岡さんのスラリーとＴＭＲセンターが使っているスラリーをそれぞれまいてみた。すると片岡さんのスラリーをまいたほうが、やはり草の糖分が２％高くなった。

自分の草地でもあちこちで比較した。同じようにスラリーをまいても、更新したばかりの区画（新播草地）より古い区画のほうが糖分が増える。「やっぱり有機物がたくさん入っている土のほうが、効果が出るようだ」

なにが草の糖分を上げたのか

片岡さんは二つのことを考えている。

▼スラリーが根を傷めない

ＭＳミネラソを食わせると牛のスラリーのニオイが減るのは、牛の体内で酸化鉄が臭気の大本である硫化水素を吸着し、発生を最小限に減らす効果があるからだ（127ページ）。

普通は畑にスラリーをまくと、一時的に多量の有機物が分解されるため、牧草に有害なアンモニアガスや硫化水素などが発生して、根に悪さをすることがある。だがニオイが減ったスラリーをまけば抑制できる。

「硫化水素を吸収するかしないかで、土や草にそんなに関係あるとは思ってなかった。草の代謝もよくなって、糖分の高い牧草ができるのではないか」

スラリーの曝気槽。光合成細菌などを入れてニオイを抑えてきたが、MSミネラソを牛に食わせるようになってさらにニオイが軽減。色も鉄分のせいか以前より少し黒くなった

「MSミネラソ」を片岡さんは全頭に給与。成牛には1日ひとさじ（80～100g）与える

片岡さんの草地はフカフカで、掘り起こすとミミズがうじゃうじゃ。草地更新間隔は長く、現在古いもので16年ほど。チモシーの根張りがよく、1番草が早め(6月上旬)の収穫でも10a当たりロール2個以上あった

近隣の新規就農者のチモシー。管理されていない草地を借りたからか、根が細く詰まっていて地面がとてもかたく、「これだとなかなかスラリーの効果が出にくいかな」。10aの収量はロール0.5個

チモシーの1番草の糖分(WSC)の違い

草地の場所	採取日	草地年数	スラリーの散布	WSC(%)
TMRセンター	6月14日	−	センターのスラリー	10.9
		−	片岡さんのスラリー	13.1
片岡さん	6月11日	6年目	スラリーなし	12.4
			スラリー散布	14.1
		1年目	スラリーなし	9.6
			スラリー散布	10.5

青草の調査結果。スラリーはいずれも5月半ばに2t/10a散布。収穫はすべて同時刻(14時)に行なった。TMRセンターの草地では、片岡さんのスラリーをまいた区画のほうがWSCが高かった。また片岡さんの草地のなかでも、更新したばかりの区画より、6年たった区画のほうが高かった

▼土壌の鉄が不足していた!?

もう一つは「うちの草地、もしかして鉄不足だったのでは?」ということ。

スラリー自体に鉄が残るかは、九州工業大学の検査によると数字が出なかったが、片岡さんが直腸から糞を採取して分析に出したときは、Feが0・2%(乾物中)と出た。

「草地に亜鉛や銅を施肥したことはあったが、鉄は意識したことがなかった。草が元気になったということは、微量要素として、土壌や生育に直接作用していることもあるんじゃないか。土の中のバランスがとれて微生物も殖えたかもしれない」と考えている。

片岡さんは草地の土をとって土壌分析に出したが、一般的な検査では鉄欠乏かどうかまではわからなかった。ただ実際に「草地の鉄不足」はあり得る話だ(133ページ)。

スラリー処理の心配が減る

スラリーは速効性はあるがチッソ過剰になりがちだ。片岡さんもかつては、やりすぎないように気をつけても、草が倒れたり、色が青黒くて苦くなったりすることがあった。しかしMSミネラソを牛に与えてからは、「スラリーが出やすい春にまいても悪さをしなくなった」と感じている。

いまどき、飼養頭数が増えても尿貯め槽は小さいままの人も多い。秋、2番草の収穫後にスラリーをまいたらその後はずっと貯まったままになるから、春には槽が満杯になってどうしても使わざるを得ない状況だ。そのスラリーが使いやすくなるのは大きい。

「草がよければ牛がよくなる。草が変わったからだけじゃないが、4年前より乳量が1日1頭3kgもアップした。病気も減って、育成牛を余分に飼わなくてよくなりました」

草地も鉄不足!?

チッソをやりすぎると鉄が減る

北海道大学農学研究院客員研究員●佐々木章晴

酸化鉄ならたくさんあるが

草地も鉄不足？　といわれて、すぐに「なるほど～」と思われる方は少ないと思います。しかし、草地への鉄剤散布が非常に効果があることは、ごく少数の方々にはよく知られた事実です。

草地には牧草が「栽培」されています。牧草も植物です。植物には、鉄が非常に重要な働きをしています。光合成や呼吸、そして吸い上げたチッソ肥料をタンパク質に合成するために鉄が必要なのです。この鉄が少なくなると、チッソ肥料をたくさんやっても、葉色があまり濃くならず生長しません。

では、鉄は本当に不足しているのでしょうか？　じつは鉄は酸化鉄の形で土壌に大量に含まれています。酸化鉄としての量は10a当たり2tぐらいあります。牧草の年間の鉄吸収量は10a当たり0・4kgぐらいですから、5000年は持つ計算になります。

しかしなのです。牧草が吸収できる水に溶けやすい鉄（pH4・0酢酸アンモニウム可溶鉄）は、土壌10a当たり5・2kgしかありません。水に溶けやすい鉄は、13年しか持たない計算になります。

酸化鉄が水に溶けやすい鉄になる速度は非常にゆっくりです。それでも、通常は牧草の鉄不足が起こりません。草－牛－堆厩肥－土の循環がきちんと行なわれていれば、草に吸収された鉄の大部分は土に戻るためです。ところが、この微妙なバランスが崩れることがあります。それは、チッソ肥料のやりすぎです。

チッソ増で鉄をどんどん吸収

化学肥料と濃厚飼料には、チッソが多く含まれています。濃厚飼料を多く食わせるほど、堆厩肥に含まれるチッソは多いのです。草地にまく化学肥料と濃厚飼料の量が増えていくと、草地に入るチッソが増えていきます（図1）。ここでは、化学肥料＋濃厚飼料を「チッソ肥料」として考えていきたいと思います。

チッソ肥料を増やすほど、牧草の鉄含有率は増加していきます。鉄を投入していないにもかかわらずです。10a当たりの牧草の鉄の吸収量も（チッソ27kgまでは）増加していきます（図2）。

こうして牧草に吸収された鉄の大部分が土に戻れば問題はないのですが、戻さずチッソ肥料だけをやり続けると、土壌中の鉄が不足する可能性があります。

鉄が流出しやすくなる

さらに、じつは土から鉄が流出する量も増加していくのです。どこに流出するのかというと、川や地下水に流れていきます。

鉄は水に溶けている状態ではプラスのイオンです。一方、チッソは硝酸態チッソとしてマイナスのイオンになります。プラスとマイナスはくっついて、一緒に流れやすくなるのです。チッソ肥料が増えると、河川の硝酸態チッソは明らかに増えます（図3）。硝

図1　飼育方法によるチッソ投入量の比較

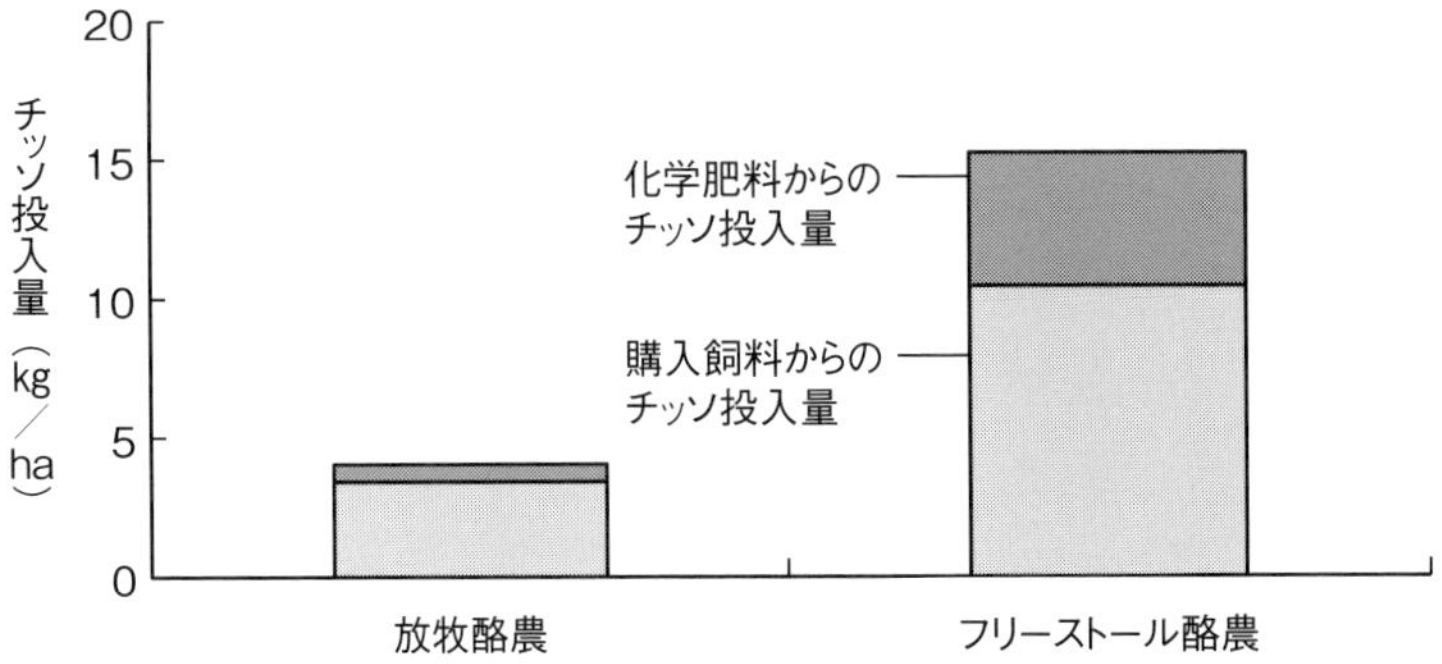

フリーストール酪農の場合、草地にまく化学肥料や購入飼料（濃厚飼料。堆厩肥中のチッソが多くなる）の使用量が多い。草地に投入するチッソ量が増え、放牧酪農の場合の3倍以上になる

図2　10a当たりの牧草の鉄吸収量の変化

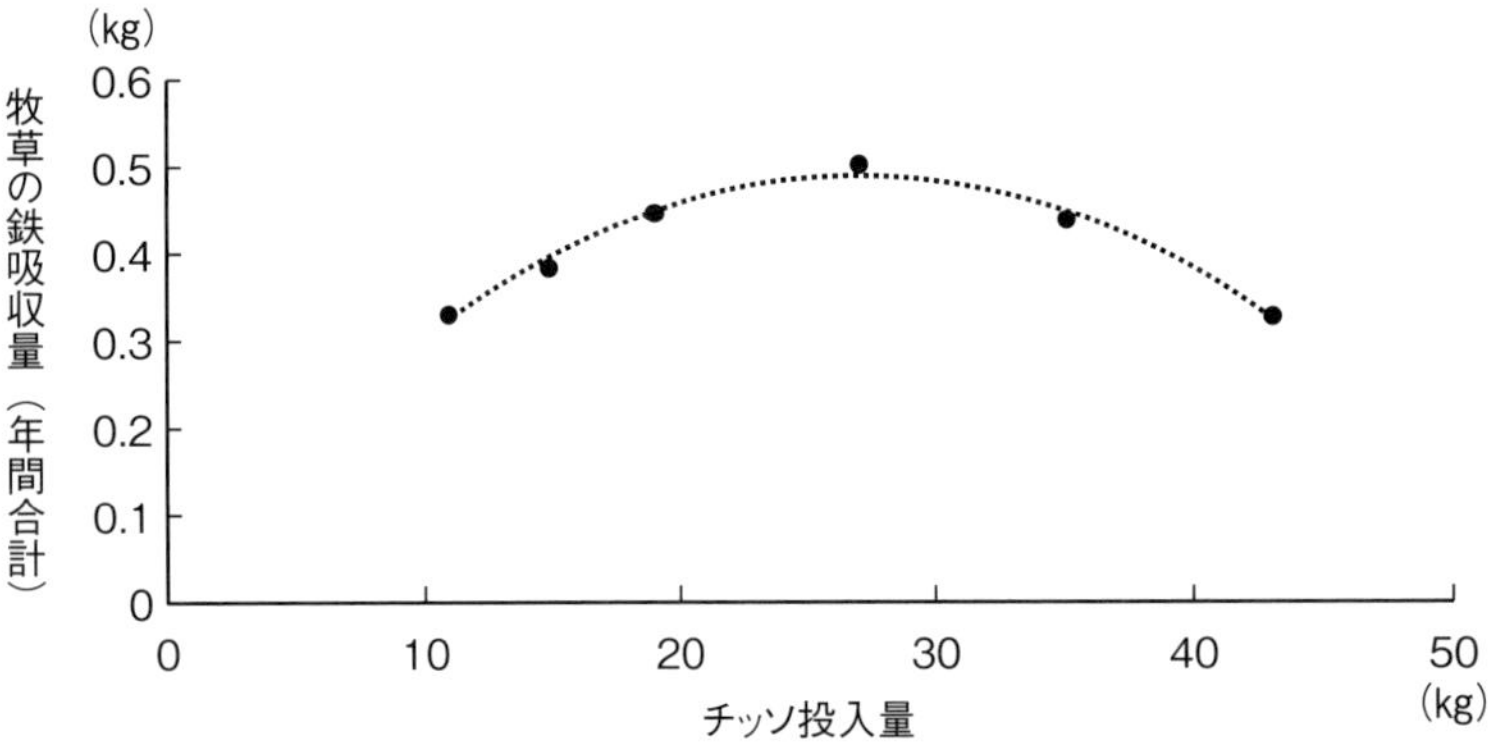

チッソ肥料を段階的に増やした実験区では、チッソ投入量が10a当たり27kgほどまでは牧草の生産量が上がり、鉄を施用しなくても鉄の吸収量が増えた。土壌中の蓄えから吸収していると考えられるので、鉄を補給しないと、蓄えがなくなってしまう可能性がある。なお、チッソを27kg以上投入すると10a当たりの牧草の鉄吸収量が低下した。これは鉄の含有率は上がるものの、チッソをやりすぎると生育障害が起きて乾物収量自体が減ってしまうため

酸態チッソに連れられて、鉄も流出していきます（図4）。

ざっくりいえば、チッソ肥料が2倍に増えると、鉄の流出量も2倍になります。たかが2倍かもしれませんが、酸化鉄が水溶性の鉄になる速度はゆっくりであることを考えると、草ー牛ー堆厩肥ー土の微妙な鉄の循環を狂わすのには、十分なのです。こうして、土の中の水溶性の鉄は着実に減っていきます。

鉄の循環を取り戻すには

どれぐらいの年数で、水溶性の鉄が枯渇するか？　これについては、土壌の種類やチッソ肥料の投入量によって違ってくると思います。まだ十分には解明されていません。ただ、チッソ肥料をやっても思うように葉の色がのらない、収量が上がらない場合は、鉄欠乏と考えてもよいと思います。こうなると、応急的には鉄剤の補給が必要です。

ただし鉄剤の補給はあくまで応急的であって、中長期的には、草ー牛ー堆厩肥ー土の微妙な鉄の循環を取り戻すことが根本的な対策になります。その核心は、チッソ肥料、つまり化学肥料

図3　チッソ投入量と河川水中の硝酸態チッソ濃度

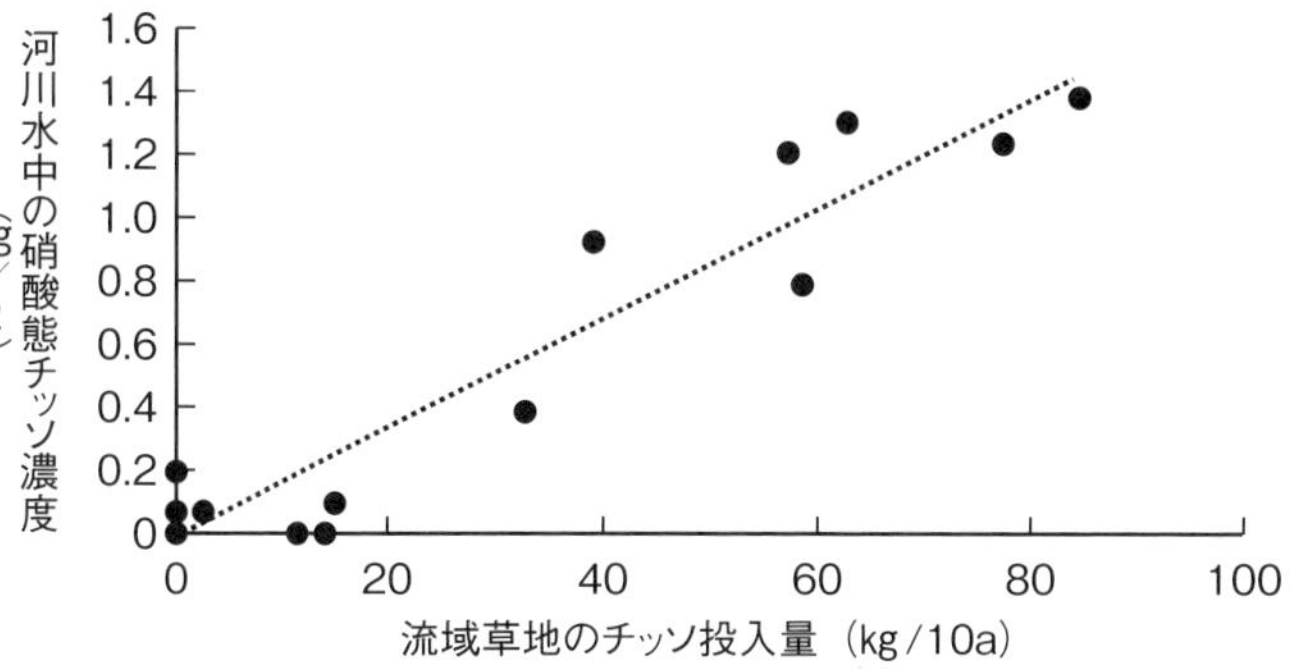

根室地区で調査。河川流域の草地に投入するチッソ肥料が増えるほど、河川に流出する硝酸態チッソが増えていた

図4　河川水中の硝酸態チッソ濃度と鉄濃度

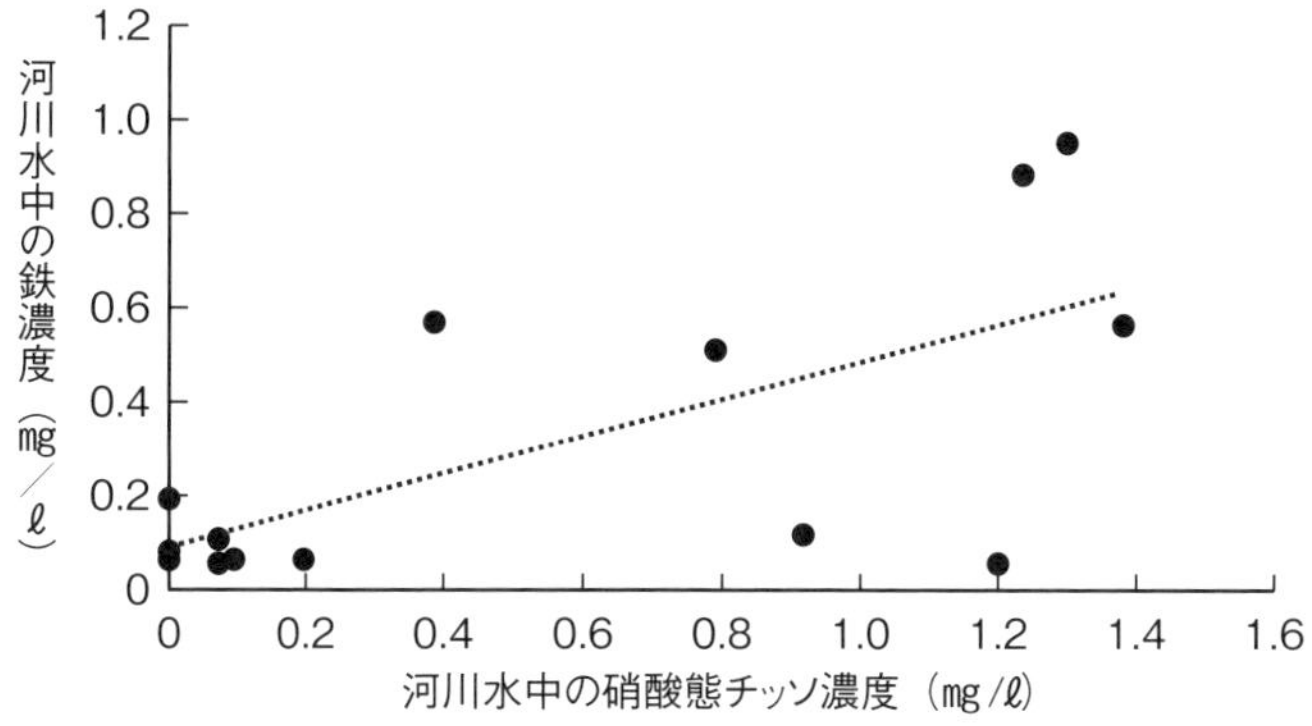

硝酸態チッソ（マイナスイオン）が河川に流出するとき、牧草が吸収できる水に溶けやすい鉄（プラスイオン）もくっついて一緒に流出するので、河川中の鉄濃度も上がっていた。草地の土中の鉄はどんどん減っているはず

と濃厚飼料のやりすぎから、いかに少しずつでも本当に必要な量まで減らしていくか。それが大事なポイントです。

経費減で適正規模を考える

チッソ肥料を減らすことは、牧草の収量や乳量が減る＝粗収益が減る、ということを何よりも恐れると思います。しかし、酪農民として本当に懐が暖かくなるのは、粗収益から経費を引いた農業所得です。粗収益が減っても経費が減れば、農業所得はそれほど減りません。それに経費の大部分は、化学肥料と濃厚飼料です。

濃厚飼料を減らした場合は厩堆肥のチッソが減り、草地全体のＴＤＮ（可消化養分総量）の供給量も減ります。牛に十分な自給飼料を与えるには、牛も減らす必要があります。その土地その土地で、本来は何頭牛が飼えるか？草地と牛のバランスを常に考えていくことが、鉄をはじめとしたミネラルの循環を取り戻すカギになるのです。

元気な牛は鉄分豊富な土壌から

野菜や魚介類だけじゃない。鉄は牛のエサとなる牧草の生育を助ける。阿蘇山のカルデラなど、鉄が豊富な場所は放牧の適地となる。

阿蘇山のカルデラに広がる黄土色の土「リモナイト」（褐鉄鉱）は、鉄の含有量が約70％と非常に多い（130ページ）。大昔、大噴火でできたカルデラ湖が干上がり、そこに堆積したものだ

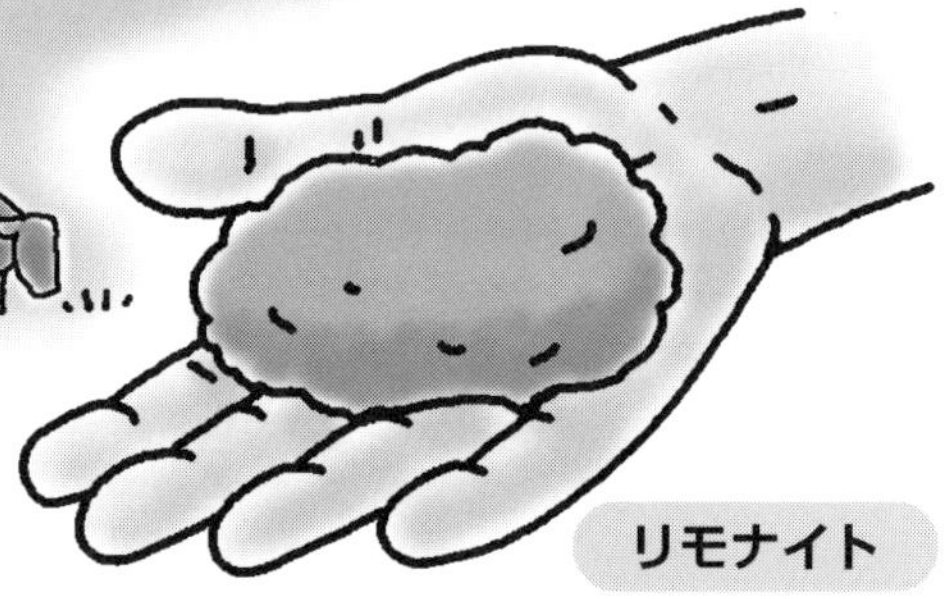

主成分は針鉄鉱（FeO (OH) で、赤鉄鉱 (Fe_2O_3) なども含む

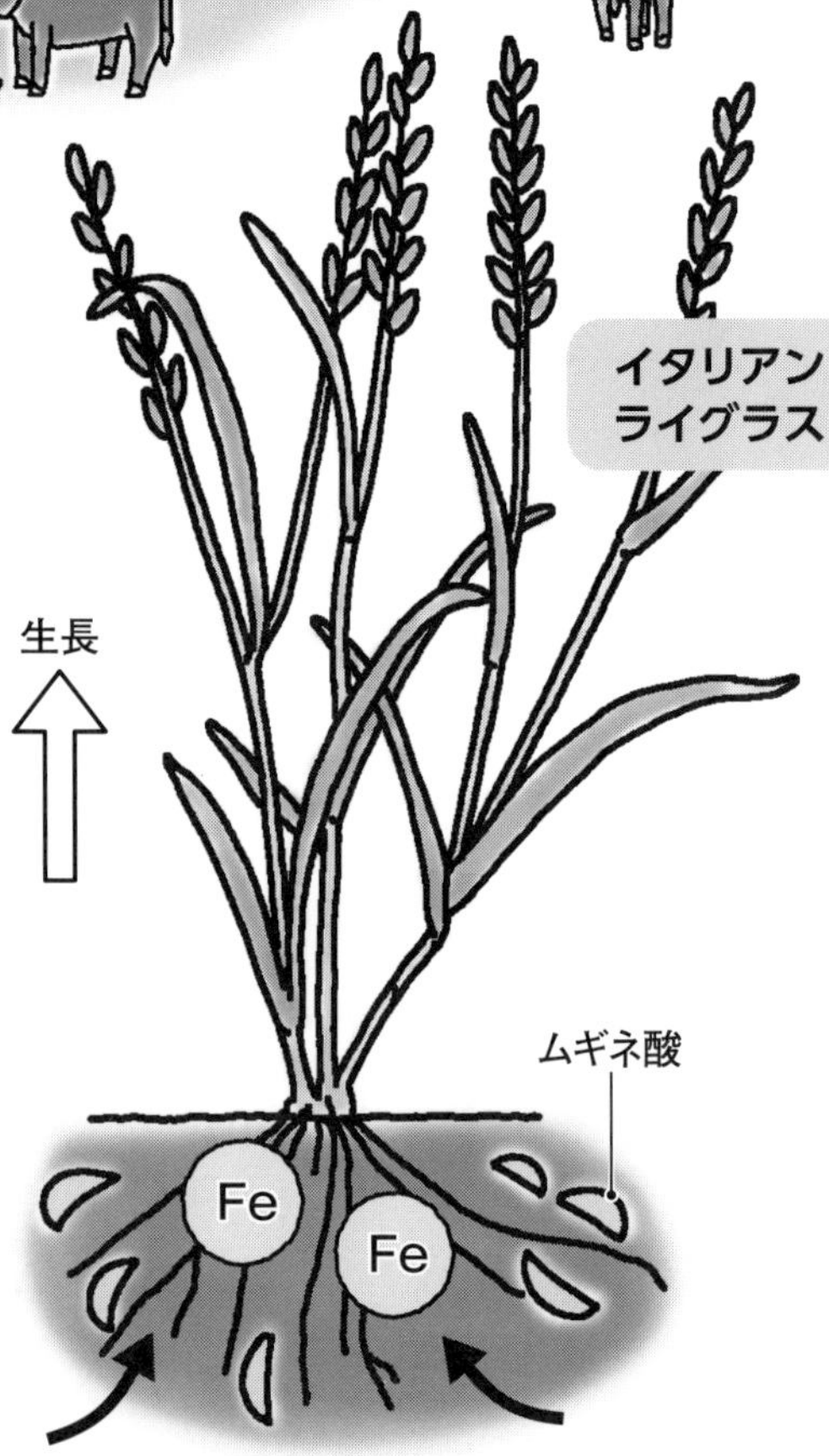

イネ科雑草はムギネ酸（77ページ）のような根酸を出すので、鉄分吸収が得意。ぐんぐん生長して、牛にとって非常によい繊維質のエサとなる

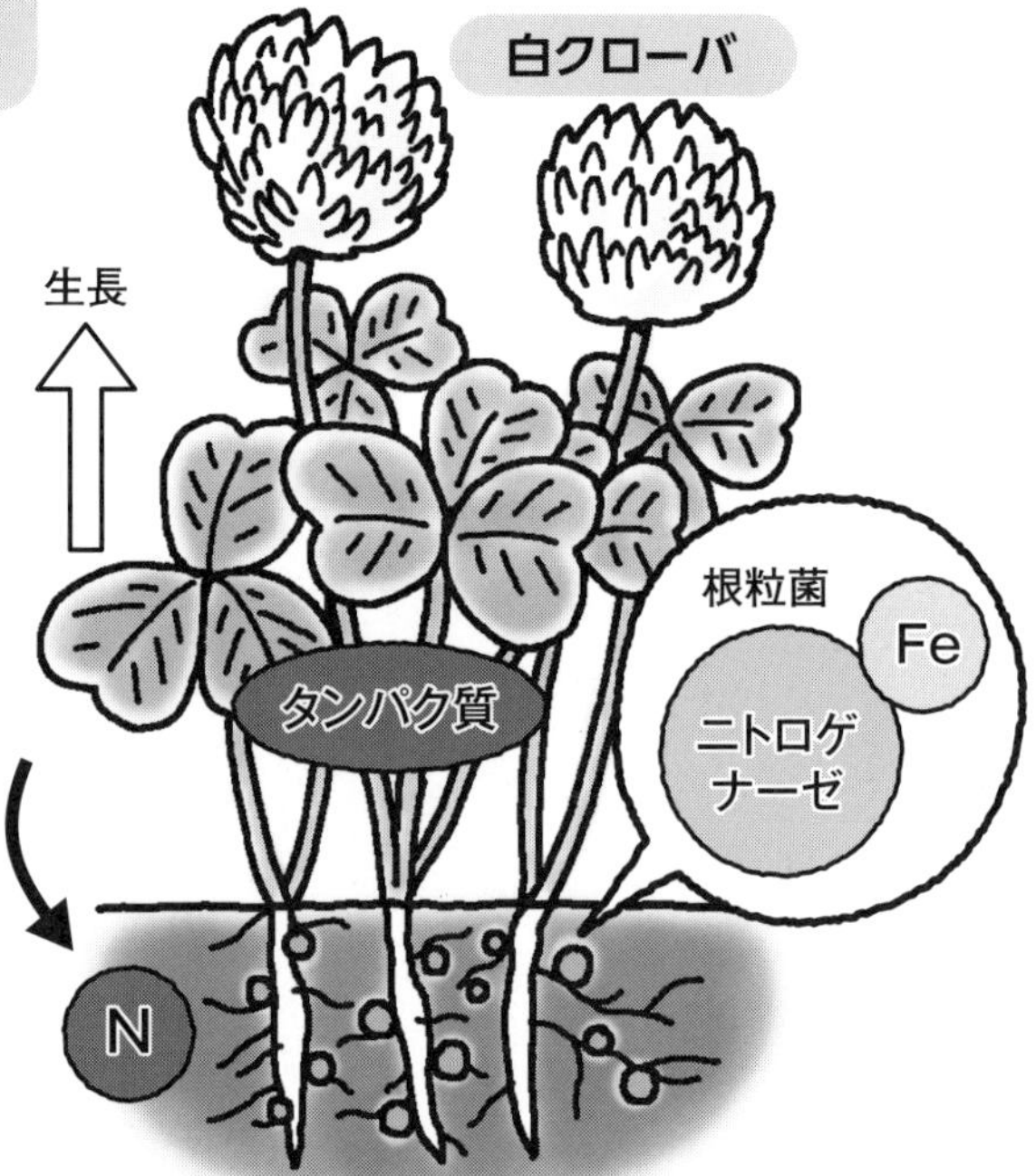

マメ科雑草の根粒菌は、チッソ固定酵素のニトロゲナーゼに鉄を利用する。空気中のチッソからチッソ化合物を作り出して生長。タンパク質もどんどん作られる

図解 自然界の鉄循環②

まとめ：編集部

ニュージーランドも鉄分豊富

ニュージーランドの放牧地の土壌には鉄が豊富に含まれる。ここで放牧された牛は「グラスフェッドビーフ(草を食べて育った牛の意味)」と呼ばれ、とくにタンパク質、鉄分、亜鉛が豊富。味も非常によく、世界中で評価が高い

ドラム缶で自動的に鉄分補給!?

傾斜のある放牧地で、ドラム缶を半分に切って鉄を沈め、茶クズなどのタンニン資材を入れておく。雨が降るたびにタンニン鉄を含む水が溢れ出し、牧草地に自動補給されるため、鉄分不足に効果があるかもしれない

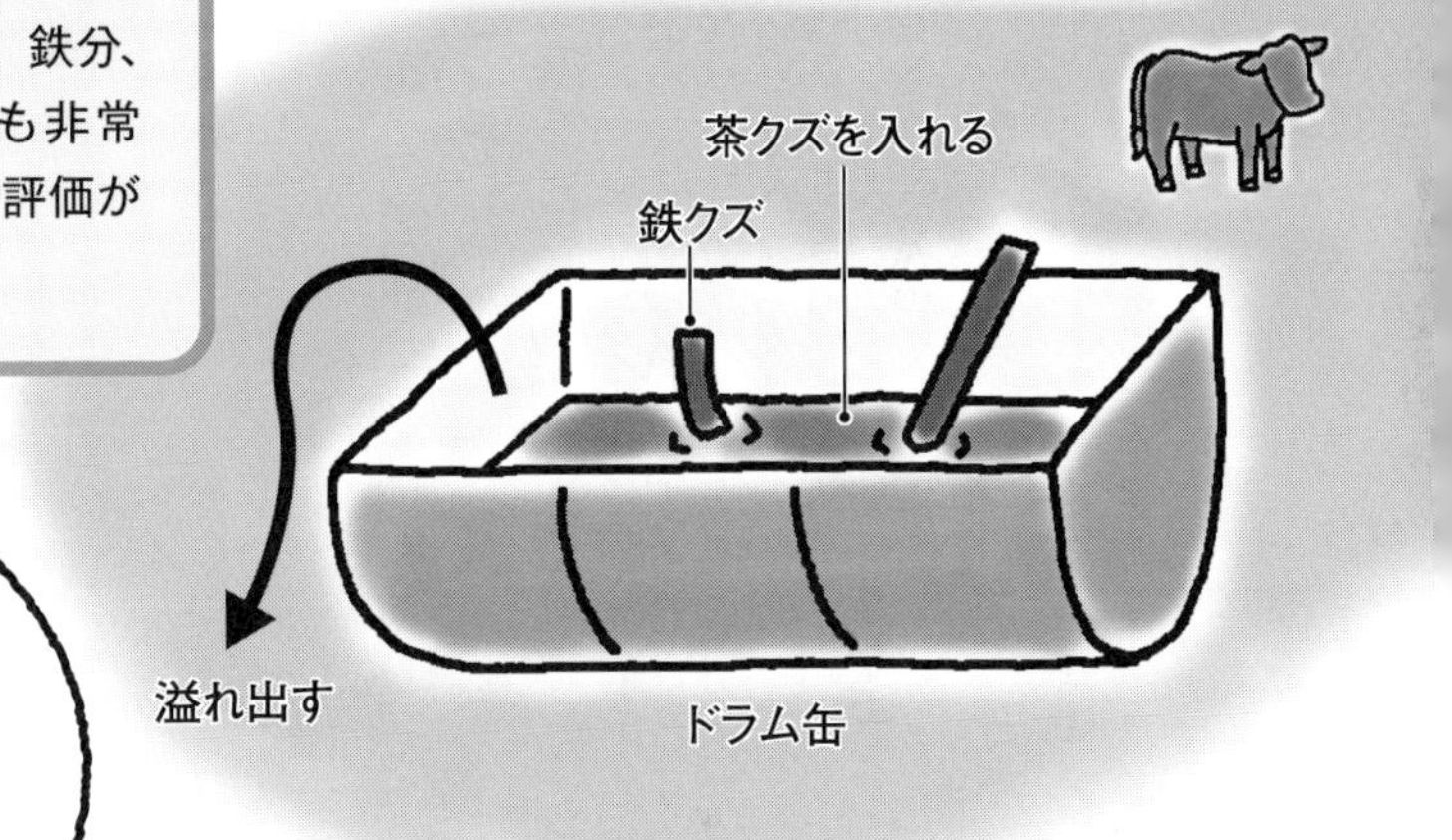
茶クズを入れる
鉄クズ
溢れ出す
ドラム缶

放牧でストレスなく育つと、筋肉（赤身肉）や赤血球が増えやすい。牧草から摂取したタンパク質や鉄分が、その材料となる
タンパク質も繊維も鉄も、牧草からたくさん摂れる
Fe
タンパク質
赤血球

農繁期の貧血症状

微熱、だるい、朝起きれない…

鉄のお茶と獣肉、プロテインで回復できた

京都府南山城村●坂内謙太郎

２０１２年に京都府南山城村で新規就農しました。「ハト畑」という屋号で露地野菜を50ａほど栽培しています。妻はトマトケチャップや漬物などの加工品製造の担当です。

南山城村はほとんどが森林で典型的な中山間地域です。その地を利用して、茶の栽培が盛んです（宇治茶の主産地のひとつ）。私の住んでいる童仙《どうせん》房《ぼう》地区は標高が５００ｍ前後あり、雨よけハウスによる夏秋トマトが栽培されています。

1日1回、鉄のお茶を飲む

２０１７年9月、隣町の和束《わづか》町雇用促進協議会主催で農業関連の連続セミナーを知人に紹介されました。講師は京都大学工学部の野中鉄也先生。農学部の先生ではなく……？、内容がさっぱり想像できず半信半疑のまま申し込みました。

ところが、第1回を受講してびっくりしました。壮大な自然のサイクルと自分の畑とがつながっていることをはっきりと理解できたからです。

筆者

生命活動に鉄は欠かせないもので、自然の中には精緻な鉄循環が存在しています。しかし、近年の針葉樹を主体とした森林やコンクリート治水などによりその循環がうまくいっていないらしい。それを取り戻すには、お茶に含まれるタンニンが利用でき、自分たちの畑からでも始められるといいます。

方法は単純。お茶に鉄を放り込むだけでキレート鉄（野中先生は「鉄ミネラル」と呼んでいます）が生成され、それを畑にまくことで植物や微生物の

活動が活性化されるのです。その副産物として野菜の食味も向上する！

さっそく鉄ミネラル液を作って畑に散布。さらに鉄を溶かしたお茶（「鉄茶」と呼ぶ）は人の体にもよいとのことで、鉄玉子（鉄分補給用の鋳物、市販品）を購入して飲用し始めました。といっても、1日1回、お茶を淹れるときに鉄玉子も入れ、5～10分置いておくだけです。お茶が濃くなりすぎないよう、茶葉の量は適当に調節します。

ヘモグロビンの値は低かったが、放置

じつは毎年、村の健康診断を受診しており、血液検査の値はいつも基準値以下でした。血色素（ヘモグロビン）の量は10前後。男性の基準値は14～18程度なので、かなり低い値です。ただ、とくに体の調子が悪かったわけではありません。現在44歳ですが、7年前の就農当時は一晩眠ると翌朝には疲れがとれていたのに、40歳を過ぎてからは疲れを引きずることも多くなった程度。「やはり40歳は体の曲がり角なんだな」などと思い、そのまま放置していました。

２０１７年から２０１８年の冬は、山で間伐の仕事をして過ごしていました。この間、鉄のお茶を飲んでいましたが、体調は問題ありませんでした。4月になって友人の看護師の方が援農に来てくれたとき、血液検査の数値結果を話すと、体の中で血液が漏れているかもしれないので病院での精密検査

90ℓのポリバケツに、洗濯ネットに入れた茶葉300gと鉄の廃材を入れてタンニン鉄を作り、畑にまいている

標高500mにある、筆者の畑にて。
秋野菜の株元にタンニン鉄を散布

をすすめられました。ガンなどの重い病気の可能性もあるからです。ただ、そのまま農繁期に突入してしまい、体のことは放置していました。

鉄剤を飲んでもだるさが抜けない

しかし、夏を迎えようとしていたころ、微熱が続いたり、朝に起きるのがつらくなる症状が出始めました。

ここでようやく病院へ行くことにしました。村の診療所で血液検査をし、やはり貧血と診断されます（6月）。次に紹介状を書いてもらい、地域の基幹病院に行き、さまざまな検査をして貧血の原因を探るもわからず（7月）。血液内科のある大きな病院を紹介していただき、さらに検査（8月）。どうやら血が漏れていることはなさそうですが、原因は不明です。鉄剤を処方されて終診となりました。

鉄剤を飲んでいる間はたしかに症状はラクになりました。しかし一時的なもので、夕方までがんばると翌朝がつらかったりと、体のだるさは抜けません。

プロテインや骨のだしで、タンパク摂取

そんなとき、和束町で開かれた野中先生の2回目の連続講座にて、貧血対策には鉄分だけでなくタンパク質の摂取が重要であることを知らされました。タンパク質は鉄とともに赤血球中のヘモグロビンの材料となるため、鉄分とタンパク質の双方が必要とのことです。

タンパク質は体の中に貯蔵できないので、毎日の摂取が必須です。その量は体重×1g。卵3個で20gなので、体重70kgならば、1日当たり卵10個！

さすがにこれは無理なので、主にプロテインを利用しています。「スポーツ選手でもないのにプロテインなんて」と最初は抵抗がありましたが、いろいろなフレーバー（風味）が販売されているのですぐに慣れました。プロテインはネット通販で購入しています。

また、近所の猟師さんからシカやイノシシの肉もいただきます。炒めたり、カレーに入れたり、ワインにシカ肉を浸けてストーブの上でコトコト煮込んだりして、肉をたくさん食べるようにしました。骨もいただいて、ボーンブロスとしてタンパク質（アミノ酸）を摂取することもあります。

作り方は、圧力鍋に骨と畑のクズ野菜と水を入れて火にかけるだけです。骨からタンパク質が染み出てきます。30分ほど圧力をかけて煮詰めてから、骨や野菜を取り出します。一度に大量に作り、袋に小分けして冷凍保存すると便利で、スープの出汁として使います。

茶葉を入れた空き瓶に、鉄玉子を入れてお湯を注ぐ。写真のような出がらしでも20 ～ 30分で全体が黒くなる

兵庫県豊岡市の炭やき師・田沼光詞さんが作った、イノシシの頭まるごとを利用したボーンブロス。骨からアミノ酸がたっぷり染み出し、胃腸が弱った体でもムリなく補給できるタンパク源となる（写真提供：田沼光詞）

タンパク不足で鉄分を使えない体に⁉

そもそもなぜ貧血になったのか。結局、医学的にはわかりませんでした。これはあくまで個人的な見解ですが、原因は今までの生活習慣にあったのかと考えています。肉や魚は好きなので人並みには食べてきたつもりです。しかしそれ以上に、甘いものが大好きでした。チョコやケーキ、菓子パン、スナック菓子……。食生活は主に炭水化物（ご飯）でお腹をふくらまし、間食として甘いもの（おやつ）で補完していました。

就農以前は大阪でサラリーマン（プログラミング関係の仕事）を10年しており、後半はストレスで体がボロボロ、体重も60kgを切ってしまいました（身長は１８０cm以上。現在の体重は70kg弱）。

こうした生活で体に負荷をかけ続けていたのです。就農後は生活や仕事の環境が改善されてがんばれたものの、根本的には体に負担がかかっていたのだと思います。

貧血症状が出る前から、鉄分入りのお茶を摂取してはいましたが、それだけでは体質改善されませんでした。鉄分だけとっても、それを使えない体になっていたからか、私の貧血解消にはタンパク質と鉄の双方が必要なようです。現在は数値がある程度改善し、貧血のための通院は今年の10月で終わりとなりました。

とはいえ、数値は最低限をクリアしたくらいです。長年の不摂生を取り戻すにはまだまだ時間がかかります。少なくともかつてのように、一晩眠れば一日の疲れがとれるくらいには回復したいと思います。

筆者の血液検査の結果

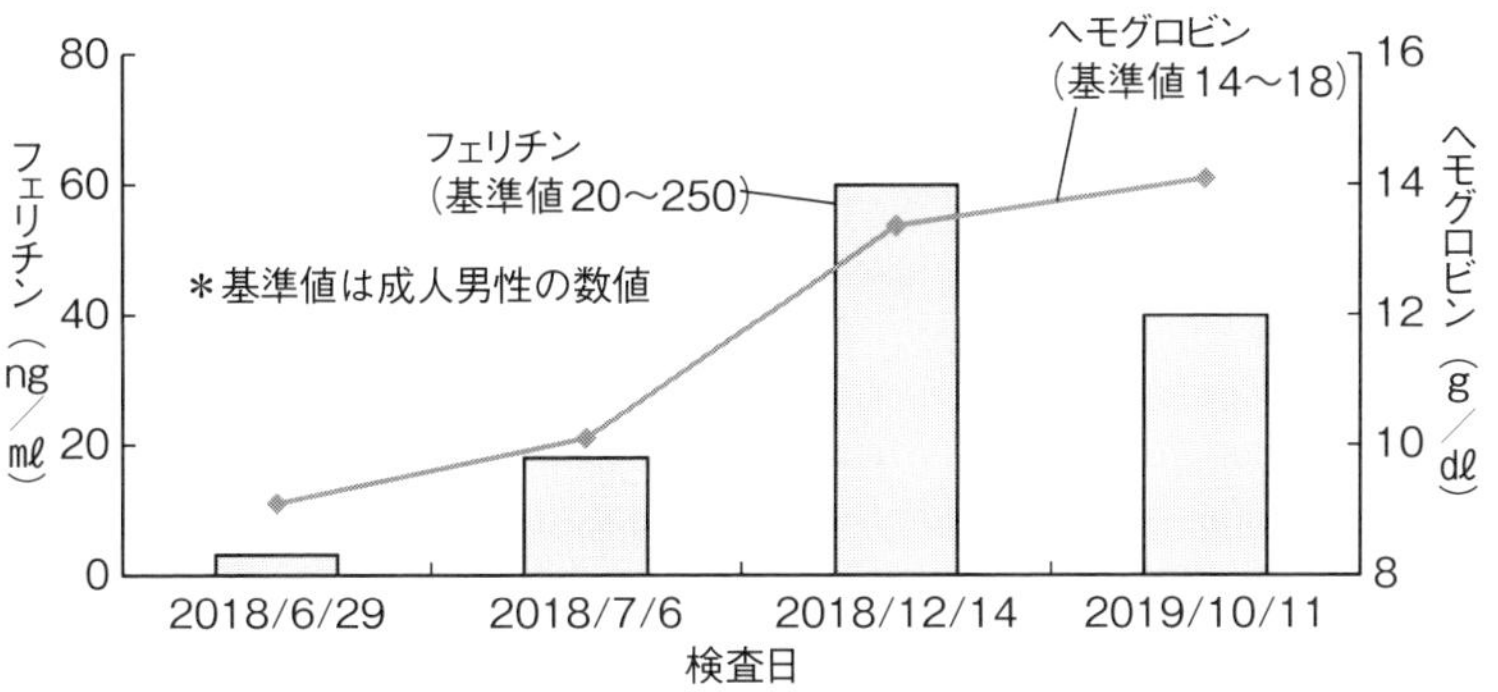

血清フェリチン濃度は、体内の貯蔵鉄量と相関することが知られており、フェリチンを検査することで、表向きは貧血でなくても、いずれ貧血になる可能性を見ることができる。ヘモグロビン（血色素）は、鉄欠乏性貧血や体の内外で起きている出血などで数値が低下する

やっぱりいいね！
鉄とタンパク

祖父の足のむくみがとれた

北海道札幌市●千葉由加里さん

2019年5月、旭川に住む祖父が貧血で入院しました。ところが、病院では輸血一本やりで足のむくみがかなりひどくなり、トイレに行くだけでも息切れする状態になりました。

8月半ばに本人の希望で退院後、タンパク質補給のために、シルクパウダー（絹糸から作ったアミノ酸の粉）を摂取するようになりました。母に頼み、祖父が毎朝飲んでいる豆乳に、小さじ1杯混ぜてもらいました。また、お茶を淹れるときは、急須に鉄ナスも入れ、鉄分も補給しました。すると、足のむくみがとれて歩行後の息切れが軽くなりました。保湿クリームをしてもカサカサだった肌がしっとりとしてきました。

私も味噌汁の鍋に鉄ナスを入れ、毎朝飲む豆乳には小さじ1杯のシルクパウダーを入れています。現在30歳ですが、ニキビのあとが少なくなってお肌の調子もよくなりました。（談）

指先のひび割れがめっきり減った

京都府向日市●下村 英さん

チキン南蛮が自慢の料理店を営んでいます。2年ほど前から、鉄を意識して摂っています。

週に1〜2回ほど、鉄ナスを緑茶や紅茶、コーヒーに入れて飲んでいます。飲み始めてから、洗い物をする時の指先のひび割れが減りました。仕事柄、素手で皿を洗うことが多く、以前は洗剤で手が荒れ、冬には指先がパックリ、爪まで割れてしまうこともしばしば。それが、鉄茶を飲み始めてから、めっきり減ったんです。

鉄ミネラル野菜の畑にも見学に行き、普通の野菜と食べ比べました。味も食感も全然違いますね。鉄ミネラル野菜は、細胞自体がしっかりしていて、包丁を入れた感触が違うし、煮崩れもしにくい。手に入った時には店で調理して出していて、おいしいと好評です。（談）

掲載記事初出一覧（すべて月刊『現代農業』より）

【図解】自然界の鉄循環①…………… 2020年1月号
お茶と鉄で野菜がうまくなる ……… 2019年10月号
山で、畑で、田んぼでタンニン鉄作り
…………………………………… 2020年10月号
鉄とタンパクたっぷりレシピ…………… 2020年1月号

第1章

かんたん液肥で鉄ミネラル野菜 …… 2019年10月号
雑味なし、極上の鉄ミネラルもち … 2020年10月号
アミノ酸たっぷりの葉物野菜 ……… 2020年10月号
ゴボウのアク・連作障害なし ………… 2020年1月号
鉄ミネラル液で野菜は変わる？ ……… 2020年1月号
キュウリの収量が3割増 …………… 2020年10月号
インゲンやナスが鈴なり …………… 2020年10月号
無施肥で大玉のタマネギがとれた … 2021年10月号
火山灰土で糖度17度のスイカ …… 2020年10月号
ピーマン、ニンニクに ……………… 2021年10月号
キュウリの病気が出ない …………… 2020年10月号
竹パウダー苗 ………………………… 2021年6月号

第2章

新谷太一さんの鉄茶づくり ………… 2019年10月号
由良大さんの鉄茶づくり ……………… 2020年1月号
実験！　お茶に鉄を溶かしてみた …… 2020年1月号
鉄茶も噴霧、お茶粕入り牛糞堆肥 2020年10月号
渋柿・青柿でタンニン鉄 …………… 2020年10月号
タンニン鉄用のカキ潰し器 ………… 2021年10月号
クリの鬼皮・渋皮でタンニン鉄 …… 2021年10月号
クヌギの葉でタンニン鉄 …………… 2020年10月号
ヒメヤシャブシ、クリの新葉で……… 2020年10月号

第3章

自然界の鉄分循環の話 …………… 2019年10月号
タンニン鉄ってどんな鉄？ ………… 2020年1月号
体の中で鉄はどうなる？ …………… 2020年1月号
タンニン鉄の作り方・使い方Q&A … 2020年10月号
土や植物に何が起こる？ …………… 2020年10月号
火山灰土のリン酸が効きやすくなる 2021年10月号

第4章

鉄散布で根腐れなし！ ……………… 2016年3月号
純鉄粉なら散布量が減ってラクに …… 2016年3月号
鉄は田んぼのガスわき・根腐れを防ぐ
…………………………………… 2020年10月号
純鉄粉で米のタンパク値が下がった… 2017年10月号
純鉄粉で根の張りがよくなった ……… 2019年1月号
晩生リンゴに味がのり、病気が減る… 2019年10月号
ブドウ園に茶葉を敷いた …………… 2020年11月号
市販の鉄資材　私なりの使い方 …… 2020年1月号
いろいろあるぞ！　話題の二価鉄資材… 2020年1月号
使い捨てカイロとクエン酸で手作り鉄資材
………………… 2020年1月号／2017年6月号
ポリフェノール鉄錯体の効果 ………… 2020年1月号
鉄還元細菌が田んぼを肥やす …… 2020年10月号
カキの渋抜き試験紙を発明 ……… 2014年11月号
鉄資材を手作り ……………………… 2021年2月号

第5章

ヘドロが浄化されてアサリ復活 …… 2019年10月号
瀬戸内海の貧酸素・ヘドロ化を改善… 2019年10月号
養殖スジアオノリの色が鮮やかに …… 2020年1月号
阿蘇黄土の飼料添加 ………………… 2020年1月号
阿蘇リモナイト……………………… 2020年10月号
牧草の糖分が上がった …………… 2020年10月号
チッソをやりすぎると鉄が減る …… 2020年10月号
【図解】自然界の鉄循環②…………… 2020年1月号
鉄のお茶と獣肉、プロテインで回復 … 2020年1月号
指先のひび割れがめっきり減った …… 2020年1月号
祖父の足のむくみがとれた …………… 2020年1月号

本書は『別冊 現代農業』2022年10月号を単行本化したものです。

※執筆者・取材対象者の住所・姓名・所属先・年齢等は記事掲載時のものです。

撮　影
- ●赤松富仁
- ●倉持正実
- ●高木あつ子
- ●田中康弘
- ●依田賢吾

イラスト
- ●アルファ・デザイン
- ●角　慎作
- ●堀口よう子

農家が教える
鉄　とことん活用読本
タンニン鉄の魅力と作り方・使い方

2023年3月15日　第1刷発行

農文協　編

発行所　一般社団法人　農山漁村文化協会
郵便番号 335-0022 埼玉県戸田市上戸田2丁目2-2
電話 048(233)9351(営業)　048(233)9355(編集)
FAX 048(299)2812　振替 00120-3-144478
URL https://www.ruralnet.or.jp/

ISBN978-4-540-22172-9　DTP製作／農文協プロダクション
〈検印廃止〉　印刷・製本／凸版印刷(株)

定価はカバーに表示
乱丁・落丁本はお取りかえいたします。